全国高等医药院校药学类规划教材配套教材

计算机程序设计
上机指导与习题解答
（第三版）

主　编　于　净

副主编　王海慧　李定远

编　委　宗东升　李佐静　郑小松

　　　　王海燕　梁建坤

中国医药科技出版社

内 容 提 要

本书是全国高等医药院校药学类规划教材的配套教材，也是教育部高等学校计算机基础课程教学指导委员会规划的"计算机基础课程教学改革与实践项目"立项课题"药学类计算机基础课程典型实验项目建设研究"等多项课题的研究成果之一。

全书共分 12 组，包括 12 个实验内容、习题及附录。主要内容包括计算机及程序环境与 Print 方法、窗体和控件、简单程序设计、分支程序设计、循环程序设计、数组程序设计、过程程序设计、高级界面设计、文件操作、图形与动画程序设计和数据库程序设计。同时，是紧密结合《计算机程序设计（第三版）》的教学必备教材。通过该课程教学网站提供了立体化教育平台，每个实验之后立即完成习题并可以进行在线测试，教学效果会显著提高。

本书适合作为药学类大学本科计算机程序设计课程的配套教学用书，也可供其他非计算机专业学生以及广大科技人员开展计算机程序设计创新活动参考使用。

图书在版编目（CIP）数据

计算机程序设计上机指导与习题解答/于净主编．-3 版．—北京：中国医药科技出版社，2014．1

全国高等医药院校药学类规划教材

ISBN 978 - 7 - 5067 - 6583 - 1

Ⅰ．①计…　Ⅱ．①于…　Ⅲ．①程序设计 - 医学院校 - 教学参考资料

Ⅳ．①TP311．1

中国版本图书馆 CIP 数据核字（2013）第 317267 号

美术编辑　陈君杞
版式设计　邓　岩

出版　中国医药科技出版社
地址　北京市海淀区文慧园北路甲 22 号
邮编　100082
电话　发行：010 - 62227427　邮购：010 - 62236938
网址　www.cmstp.com
规格　787×1092mm $^{1}/_{16}$
印张　11$^{3}/_{4}$
字数　234 千字
初版　2006 年 3 月第 1 版
版次　2014 年 1 月第 3 版
印次　2017 年 12 月第 3 次印刷
印刷　航远印刷有限公司
经销　全国各地新华书店
书号　ISBN 978 - 7 - 5067 - 6583 - 1
定价　25.00 元

全国高等医药院校药学类规划教材常务编委会

出版说明

　　全国高等医药院校药学类专业规划教材是目前国内体系最完整、专业覆盖最全面、作者队伍最权威的药学类教材。随着我国药学教育事业的快速发展，药学及相关专业办学规模和水平的不断扩大和提高，课程设置的不断更新，对药学类教材的质量提出了更高的要求。

　　全国高等医药院校药学类规划教材编写委员会在调查和总结上轮药学类规划教材质量和使用情况的基础上，经过审议和规划，组织中国药科大学、沈阳药科大学、广东药学院、北京大学药学院、复旦大学药学院、四川大学华西药学院、北京中医药大学、西安交通大学医学院、华中科技大学同济药学院、山东大学药学院、山西医科大学药学院、第二军医大学药学院、山东中医药大学、上海中医药大学和江西中医学院等数十所院校的教师共同进行药学类第三轮规划教材的编写修订工作。

　　药学类第三轮规划教材的编写修订，坚持紧扣药学类专业本科教育培养目标，参考执业药师资格准入标准，强调药学特色鲜明，体现现代医药科技水平，进一步提高教材水平和质量。同时，针对学生自学、复习、考试等需要，紧扣主干教材内容，新编了相应的学习指导与习题集等配套教材。

　　本套教材由中国医药科技出版社出版，供全国高等医药院校药学类及相关专业使用。其中包括理论课教材 82 种，实验课教材 38 种，配套教材 10 种，其中有 45 种入选普通高等教育"十一五"国家级规划教材。

全国高等医药院校药学类规划教材

编写委员会

2009 年 8 月 1 日

第三版前言

在全国高等医药院校药学类规划教材编委会鼓励下，现在重新修订编写《计算机程序设计上机指导与习题解答（第三版）》。经过几轮教学实践，总结发现的问题，并在《计算机程序设计下册》、《计算机程序设计上机指导（第二版）》的基础上，改编修订完成的。

本书保留了第一版、第二版的基本宗旨和风格，继续注重计算机程序设计的实用性；对部分章节作了一些调整，使全书结构更加合理；对部分章节进行了重写，使其更通俗易懂；更换了部分实例，使之更加贴近医药专业，同时又兼备启发性；使之实用性更强。

全书由 12 个实验、习题及附录组成。实验 1 环境与 Print 方法，主要是熟悉 VB 程序设计界面、对象、属性、事件和方法等面向对象特性，进行简单的程序设计。实验 2 窗体和控件的程序设计，包括标签、文本框、按钮控件、单选按钮、复选框、图形控件及他们的属性和方法等，这样就可以构成基本界面，设计简单程序。实验 3 熟悉程序设计基础，包括数据类型、常量、变量、运算、常用函数和常用程序语句，进行程序设计。实验 4 分支结构程序设计，主要练习分支结构的各种语句，进行相应的程序设计。实验 5 循环结构程序设计，主要是熟悉循环结构的程序设计思想，利用 For - Next 结构；Do - Loop 结构进行各种循环结构的程序设计。实验 6 数组程序设计，主要是了解数组的基本概念，数组的定义与应用，进行相应的程序设计。实验 7 过程的程序设计，主要是熟悉过程与函数的定义与调用，进行相应的程序设计。实验 8 界面设计，掌握包括常用窗体控件、分组控件、列表选择控件、滚动条、RichTextBox、时间日期控件，还有通用对话框、自定义对话框、菜单、多窗体操作，进行相应的程序设计。实验 9 文件操作，文件系统控件与数据文件定义，包括文件的建立、打开、读写和关闭和综合应用的程序设计。实验 10 了解计算机绘图基础知识，包括认识坐标系统、设置绘图属性、绘制直线、绘制矩形、填充矩形、绘制圆、椭圆、圆弧和制作动画。实验 11 了解数据库概念和 VB 中的可视化数据管理器、Data 控件、ADO 数据控件、结构化查询语言（SQL）和数据库应用。实验 12 综合实验设计，是新补充的实验，目的是让学生利用所学习的 VB 程序设计的思想，根据各自的专业，进行综合的实验设计，以提高学生的综合实践能力。同时，对于各个章节内容在每个实验的后面编写了各种习题以及参考答案，提供给读者进行练习。

本书定位于高等医药院校的学生和医药行业就职人员及相关工程技术人员，培养读者计算机程序设计的基本能力，指导读者短时间内学会开发计算机程序，解决医药科研、生产和生活中的常见问题。作者根据近几年的教学和软件开发经验，对第三版内容的取舍、组织编排和经典实例再次进行了精心设计和筛选。本书在难易程度上遵循由浅入深、循序渐进的原则；在写作风格上突出其实用性，突出了案例先导。书中大量实例程序代码都经过调试，可以直接运行。

本书是《计算机程序设计（第三版）》的配套教材（中国医药科技出版社出版）。该配套教材内容包括精选的有详细指导的实验项目和便于独立思考的开放性创新性实验项目，还有配套教材的各章习题和部分解答。通过我们的课程教学网站提供了集教学大纲、教学方案、教学课件、实验素材于一体的立体化教学平台，完全可以满足教师教学和学生自主学习的需求。

本书的再版是教育部高等学校计算机基础课程教学指导委员会规划的"计算机基础课程教学改革与实践项目"立项课题"药学类计算机基础课程典型实验项目建设研究"等多项课题的研究成果之一。通过教材的编写，我们期待为深化教学改革和教材建设做出一定的贡献，开辟药学类计算机基础课程体系建设的新路。

本书由于净主编，王海慧、李定远副主编，参加第三版编写修订的有于净（实验 1、10、11、12；习题 1，10，11）、王海慧（实验 2；习题 2）、李定远（实验 8；习题 8）、宗东升（实验 6；习题 6）、李佐静（实验 4 - 5；习题 4 - 5）、郑小松（实验 3；习题 3）、梁建坤（实验 7；习题 7）、王海燕（实验 9，习题 9）。最后由于净统稿。由于编者水平所限，不足之处在所难免，恳请广大师生读者批评指正。

编　者

2013 年 10 月

目录 CONTENTS

实验 1

环境和Print方法应用

实验目的

1. 熟悉 VB 的集成开发环境。
2. 掌握常用控件的属性、方法。
3. 熟悉常用对象事件的使用。
4. 熟悉 Print 方法的使用。

实验 1.1 认识 Visual Basic

【实验任务】

认识 Visual Basic 的集成开发环境，熟悉各个窗口的功能，熟悉控件的属性、方法，熟悉事件的使用。实验结果界面如图 1-1 所示。

图 1-1 实验 1.1 运行界面

【实验步骤】

1. 启动 VB6.0，创建一个"标准 EXE"类型的应用程序。
2. 将窗体的 Font 属性设为宋体、小二、粗体，Caption 属性设置为"我的第一个程序"。

3. 在窗体上添加两个命令按钮 Command1（Caption 属性设置为"欢迎"）和 Command2（Caption 属性设置为"再见"）。

4. 双击"欢迎"按钮，涉及如下代码：

　　Print "欢迎使用 Visual Basic"

5. 双击"再见"按钮，添加如下代码：

　　End

6. 将窗体和工程分别以文件名 vb1. frm 和 vb1. vbp 保存在自己的文件夹中。

7. 单击 F5，试验运行本程序，直至满意为止。

说明：这里，"自己的文件夹"指任意磁盘获 U 盘如 D 盘根目录下以自己的名字和学号命名的子目录（例如姓名为"赵阳"，学号为 09080126；则自己的文件夹就是"D:\赵阳09080126"），以后所有的实验若无特殊说明均保存在该目录下。

思考：除了上述方法，还可以怎样实现上述题目要求？试一试。

实验 1.2　对象移动动画

【实验任务】

熟悉 Move 方法实现对象移动，进一步熟悉控件事件的使用。实验结果界面如图 1-2所示。

图 1-2　实验 1.2 运行界面

【实验步骤】

1. 将窗体的 Caption 属性设为"欢迎新同学";为窗体设置 Picture 属性(图片可以从 C:\Windows\Web\Wallpaper 中取,也可放自己喜欢的照片),设置窗体不可改变大小。

2. 在窗体上添加两个标签,Caption 属性为"欢迎新同学",并将其设置为浮雕效果(提示:浮雕效果可以由两个背景风格为透明、前景颜色不同、位置稍有错位的标签重叠而成)。

3. 添加两个命令按钮 Command1 和 Command2,清空 Caption 属性,将 Style 属性设置为 1 - Grapical,分别为 Picture 属性设置图标文件"Point02. ico"、"Point04. ico"(图标文件位于 VB 的安装目录下 \ Common \ Graphics \ Icons \ Arrows 文件夹中)。

4. 双击 Command1,添加如下代码:

 Label1. Move Label1. Left - 50

 Label2. Move Label2. Left   - 50

5. 双击 Command2,添加如下代码:

 Label1. Move Label1. Left + 50

 Label2. Move Label2. Left + 50

6. 将窗体和工程文件保存在自己的文件夹中。

7. 单击 F5,试验运行本程序,直至满意为止。

思考: 根据 Move 方法的语法"对象名 . Move left, top, width, height",修改上述程序还可以有哪些变化? 试一试。

实验 1.3 窗体打印

【实验任务】

实验结果界面如图 1 - 3 所示,要求:

1. 窗体上打印的字符为宋体、小四。

2. 单击"打印",输出如图所示的图形。

3. 单击"清屏",清除打印内容。

4. 单击"退出",结束程序运行。

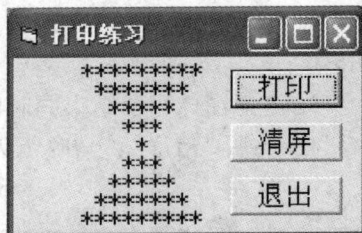

图 1 - 3　打印练习

【实验步骤】

1. 打开 VB6.0,创建一个标准 EXE 工程。

2. 将窗体的 Caption 属性设置为"打印练习",Font 属性设置为宋体、小四。

3. 添加三个命令按钮 command1、command2、command3,caption 属性分别为"打印"、"清屏"、"退出"。

4. 在代码窗口中输入下面代码:

```
Private Sub Command1_ Click ( )
    For i = 1 To 5   '打印上面的倒三角，共5行
        Print Tab(5 + i); String(2 * (6 - i) - 1," * ")
    Next i
    For i = 2 To 5   '打印下面的正三角，共5行，第一行因重复而省略
        Print Tab(11 - i); String(2 * i - 1, " * ")
    Next i
End Sub
Private Sub Command2_Click( )
    Cls
End Sub
Private Sub Command3_Click( )
    End
End Sub
```

5. 将窗体和工程文件保存在自己的文件夹中（以后不再提示）。

6. 单击 F5，试验运行本程序，直至满意为止。

说明：String（m，字符串）函数的返回值是由 m 个指定字符串的首字母组成的字符串。

思考：上述实验的窗体显示内容如何保存到一个数据文件中？试一试。

实验1.4 复杂打印

【实验任务】

实验结果界面如图1-4所示，要求：

1. 要求不可调整窗体大小。

2. 单击"打印"，在窗体上打印如图所示图形。

3. 考虑窗体显示结果同时保存到文件中。

4. 单击"清屏"，清除窗体上显示的图形。

图1-4 复杂图形的打印

> **提示**
>
> 1. 窗体不可以调整大小可通过将 BorderStyle 属性设置为 Fixed Dialog 实现，或将 BorderStyle 设置为 Fixed Single 同时将 MaxButton 和 MinButton 属性设为 False 实现。
>
> 2. 打印的图形可以总结为2个规律：前面三行中第 i 行打印 i 个连续的五星；后面四行中打印"五星＋空格＋五星＋空格＋五星"。

4

习　题　1

习题 1.1 选择题

1. Visual Basic 是一种面向对象的可视化程序设计语言，采取了_____的编程机制。

   A. 事件驱动　　　　　　　　　　B. 按过程顺序执行

   C. 从主程序开始执行　　　　　　D. 按模块顺序执行

2. 在 Visual Basic 中最基本的对象是_____，它是应用程序的基石，是其他控件的容器。

   A. 文本框　　　　B. 命令按钮　　　　C. 窗体　　　　D. 标签

3. 多窗体程序是由多个窗体组成。在缺省情况下，VB 在应用程序执行时，总是把_____指定为启动窗体。

   A. 不包含任何控件的窗体　　　　B. 设计时的第一个窗体

   C. 包含控件最多的窗体　　　　　D. 命名为 First 的窗体

4. 有程序代码如下：Text1. Text = " Visual Basic"

   则：Text1、Text 和" Visual Basic"分别代表_____。

   A. 对象，值，属性　　　　　　　B. 对象，方法，属性

   C. 对象，属性，值　　　　　　　D. 属性，对象，值

5. Visual Basic 是一种面向对象的程序设计语言，_____不是对象系统所包含的三要素。

   A. 变量　　　　B. 事件　　　　C. 属性　　　　D. 方法

6. Visual Basic 的一个应用程序至少包含一个_____文件，该文件存储窗体上使用的所有控件对象和有关的_____、对象相应的_____过程和_____代码。

   A. 模块、方法、事件、程序　　　B. 窗体、属性、事件、程序

   C. 窗体、程序、属性、事件　　　D. 窗体、属性、事件、模块

7. 以下不属于 Visual Basic 的工作模式是_____模式。

   A. 编译　　　　　　　　　　　　B. 设计

   C. 运行　　　　　　　　　　　　D. 中断

8. 在 VB 集成环境创建 VB 应用程序时，除了工具箱窗口、窗体中的窗口、属性窗口外必不可少的窗口是_____。

   A. 窗体布局窗口　　　　　　　　B. 立即窗口

   C. 代码窗口　　　　　　　　　　D. 监视窗口

9. 保存新建的工程时，默认的路径是_____。

    A. MyDocuments   B. VB98

    C. \   D. Windows

10. 将调试通过的工程经"文件"菜单的"生成 .exe 文件"编译成 .exe 后，将该可执行文件到其他机器上不能运行的主要原因是_____。

    A. 运行的机器上无 VB 系统   B. 缺少 .frm 窗体文件

    C. 该可执行文件有病毒   D. 以上原因都不对

11. 对于窗体，下面_____属性可以在运行模式下进行设置。

    A. MaxButton   B. BorderStyle

    C. Name   D. Left

12. 要使 Print 方法在 Form_ Load 事件中起作用，要对窗体的_____属性进行设置。

    A. BackColor   B. ForeColor

    C. AutoRedraw   D. Caption

13. 若要使标签控件显示时不覆盖其背景内容，要对_____属性进行设置。

    A. BackColor   B. BorderStyle

    C. ForeColor   D. BackStyle

14. 若要使命令按钮不可操作，要对_____属性设置。

    A. Enabled   B. Visible

    C. BackColor   D. Caption

15. 文本框没有_____属性。

    A. Enabled   B. Visible

    C. BackColor   D. Caption

16. 不论何控件，共同具有的是_____属性。

    A. Text   B. Name   C. ForeColor   D. Caption

17. 要使 Form1 窗体的标题栏显示"欢迎使用 VB"，以下_____语句是正确的。

    A. Form1. Caption = "欢迎使用 VB"

    B. Form1. Caption = '欢迎使用 VB'

    C. Form1. Caption = 欢迎使用 VB

    D. Form1. Caption = " 欢迎使用 VB"

18. 要使某控件在运行时不可见，应对_____属性进行设置。

    A. Enabled   B. Visible   C. BackColor   D. Caption

19. 要使窗体在运行时不可改变窗体的大小并且没有最大化和最小化按钮，只要对下列_____属性设置就有效。

    A. MaxButton   B. BorderStyle   C. Width   D. MinButton

20. 当运行程序时，系统自动执行启动窗体的_____事件过程。

    A. Load   B. Click   C. UnLoad   D. GotFocus

习题 1.2 操作题

在窗体上画 4 个图像框和一个文本框。在每个图像框中装入一个箭头图形，分别指向四个不同的方向（图形文件可以从 Visual Basic 安装目录下的"\Common\Graphics\I-cons\Arrows"子文件夹中找）。编写程序，当单击某个图像框时，在文本框中显示相应的信息。例如，单击向右的箭头时，在文本框中显示"单击向右箭头"。

习题 1 参考答案

1. A　2. C　3. B　4. C　5. A　6. B　7. A　8. C　9. B　10. A　11. D　12. C　13. D　14. A　15. D　16. B　17. D　18. B　19. B　20. A

实验 ② 常用标准控件

常用标准控件

实验目的

1. 熟悉 VB 中对象事件的使用。
2. 掌握常用控件的属性、方法。

实验 2.1 简单属性设置

【实验任务】

实验结果界面如图 2 - 1 所示，要求：

1. 窗体上打印的字符为宋体、小四。

2. 命令按钮、文本框和标签，均使用默认名称。

3. 按钮标题设置为" 显示"，单击后该按钮不可用。

4. 单击"显示"，将两个文本框的内容利用连接符 "&" 连接起来并显示在窗体上。

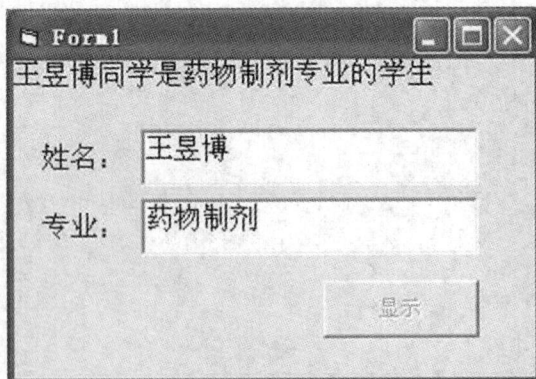

图 2 - 1　运行界面

【实验步骤】

1. 打开 VB6.0，创建一个标准 EXE 工程。

3. 将窗体的 Font 属性设置为宋体、小四。

4. 添加两个标签 Label1 和 Label2，标题分别为"姓名"和"专业"，添加两个文本框，并清空里面的内容，添加一个命令按钮 Command1，标题为" 显示"。

5. 编写命令按钮的 Click 事件过程。

6. 将窗体和工程文件保存在自己的文件夹中（以后不再提示）。

7. 单击 F5，试验运行本程序，直至满意为止。

说明：Enabled 属性用于设置控件是否可用，Visible 属性用于设置控件是否可见，注意区分。

实验 2.2 窗体属性

【实验任务】

实验结果界面如图 2 - 2 所示，要求：

图 2 - 2　窗体属性练习

1. 初始运行时界面如左图所示，左右两个命令按钮名称分别为 C1 和 C2。
2. 单击"修改窗体图标"将窗体控制图标改为小狗。
3. 单击"修改窗体标题"将窗体标题由"Form1"改为"窗体"。

【实验步骤】

1. 打开 VB6.0，创建一个标准 EXE 工程。按照左图所示设计程序界面。
2. 将左右两个命令按钮名称分别修改为 C1 和 C2。
3. 在代码窗口中输入以下代码：

```
Private Sub C1_Click( )
    Form1. Icon = LoadPicture( "C:\Program Files\Microsoft Visual Studio\ _
                Common\Graphics\Icons\Arrows\POINT08. ico")
End Sub
Private Sub C2_Click( )
    Form1. Caption = "窗体"
End Sub
```

说明：小狗的图标文件在 VB 安装目录下，一般为"C:\Program Files\Microsoft Visual Studio\Common\Graphics\Icons\Arrows\POINT08. ico"

无论是窗体的背景图片还是命令按钮上的图片，所有图片的加载都使用 LoadPicture（ ）函数。语法格式为：对象. Picture = LoadPicture（"带有完整路径的图片文件名"）

　　　　或：对象. Icon = LoadPicture（"带有完整路径的图片文件名"）

实验 2.3 控件属性

【实验任务】

实验结果界面如图 2-3 所示，要求：

1. 无论在文本框 Text1 中输入什么字符，都以星号显示。

2. 随着 Text1 中内容的改变，Text2 中即时显示 Text1 中内容的真实内容。

3. 不得使用任何变量。

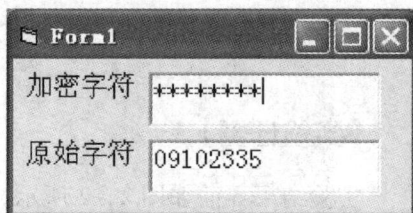

图 2-3　文本框属性练习

> ### 提示
> 1. Text1 内的字符以星号显示，通过 PasswordChar 属性设置。
> 2. Text2 中的内容随 Text1 中内容的改变而即时改变，需要使用 Text1 的 Change 事件；Text1 中的真实内容就是 Text1.Text。

实验 2.4 图像框属性

【实验任务】

实验结果界面如图 2-4 所示，要求：

1. 要求按下"小图标"，Image1 图像变小。

2. 反之按下"大图标"，Image1 图像变大。

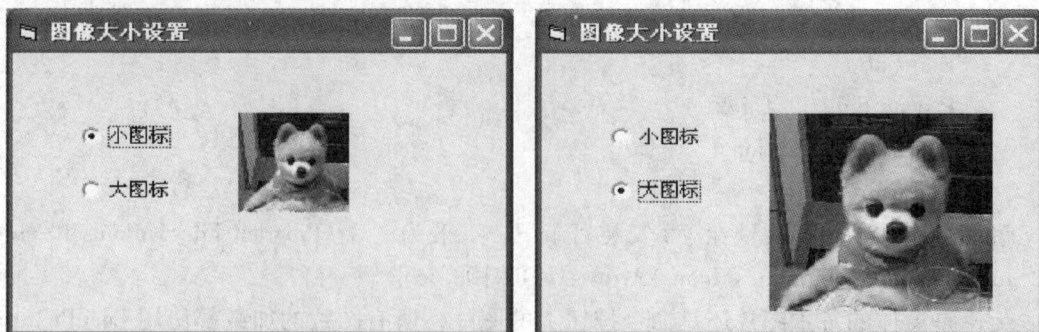

图 2-4　图像大小设置

【操作提示】

1. 打开 VB6.0，创建一个标准 EXE 工程。

2. 设置窗体的 Caption 属性如图所示。

3. 在窗体上添加两个单选按钮 Option1、Option2，标题分别为"小图标"和"大图标"，再添加一个图像框 Image1，并为图像框添加图片。

4. 设置图像框 Image1 的 Width 和 Height 属性均为 1000，设置 Stretch 属性为 True。

5. 编写两个单选按钮的 Click 事件过程。单击"小图标"单选按钮，图像大小按设置 Image1 的 Width 和 Height 属性均为 1000 的大小显示；单击"大图标"单选按钮，图像大小按 Image1 的 Width 和 Height 属性均为 2000 的大小显示。

6. 将窗体和工程文件保存在自己的文件夹中。

7. 单击 F5，试验运行本程序，直至满意为止。

实验 2.5 Font 属性

【实验任务】

实验结果界面如图 2－5 所示，要求：

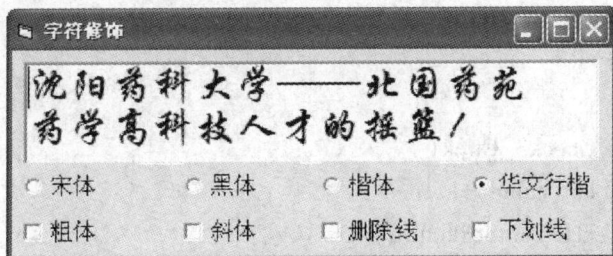

图 2－5　字体属性设置练习

1. 文本框中默认的字体为华文行楷、字号为二号。

2. 单击某个单选钮时，文本框中的字体变为对应的字体。

3. 单击某个复选框时，根据选中的状态来决定文本框中字体的显示格式。

【实验步骤】

1. 打开 VB6.0，创建一个标准 EXE 工程。按照图中所示设计程序界面。

2. 在代码窗口输入以下代码：

```
Private Sub Option1_Click( )
    Text1. FontName = "宋体"
End Sub
Private Sub Option2_Click( )
    Text1. FontName = "黑体"
End Sub
Private Sub Option3_Click( )
    Text1. FontName = "楷体_GB2312"
```

```
End Sub
Private Sub Option4_Click( )
    Text1. FontName = "华文行楷"
End Sub
Private Sub Check1_Click( )
    If Check1. Value = 1 Then
        Text1. FontBold = True
    Else
        Text1. FontBold = False
    End If
End Sub
Private Sub Check2_Click( )
    If Check2. Value = 1 Then
        Text1. FontItalic = True
    Else
        Text1. FontItalic = False
    End If
End Sub
Private Sub Check3_Click( )
    If Check3. Value = 1 Then
        Text1. FontStrikethru = True
    Else
        Text1. FontStrikethru = False
    End If
End Sub
Private Sub Check4_Click( )
    If Check4. Value = 1 Then
        Text1. FontUnderline = True
    Else
        Text1. FontUnderline = False
    End If
End Sub
```

说明：单选钮被单击时一定处于选中状态，因此无需判断即可直接应用此字体；复选框被单击时可能有选择/取消两种可能，因此需要判断后才可应用效果。

12

实验 2.6 编辑操作

【实验任务】

实验结果界面如图 2-6 所示，要求：

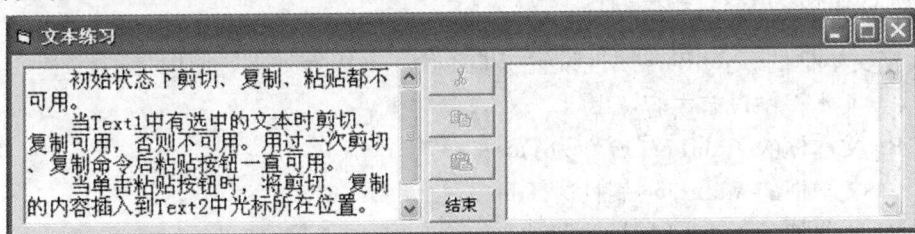

图 2-6 剪切、复制、粘贴操作练习

1. 初始状态下剪切、复制、粘贴按钮都不可用。

2. 当 Text1 中有选中的文本时剪切、复制按钮可用，否则不可用。剪切、复制命令用过一次后粘贴按钮一直可用。

3. 当单击粘贴按钮时，将剪切、复制的内容插入到 Text2 中光标所在的位置。

提示

1. 打开 VB6.0，创建一个标准 EXE 工程。按照图中所示设计程序界面。

2. 将剪切、复制、粘贴按钮的 Enabled 属性设为 False。

3. 将 Text1 和 Text2 的 ScrollBars 属性设为 Vertical。

4. 剪切、复制按钮是否可用，通过在 Text1 _ MouseMove 事件中判断 Text1. SelText 是否为空来决定。

5. 从 Text1 中剪切、复制的内容需要保存到字符型变量 s 中，变量 s 需要在窗体的"通用声明"处（代码窗体的顶部）定义。代码为：Dim s as String。

6. 粘贴按钮通过剪切、复制事件过程来激活（Enabled = True）。

7. 向 Text2 中插入（粘贴）内容，代码为 Text2. SelText = s 而不是 Text2. Text = s。

13

习 题 2

习题 2.1 选择题

1. 当文本框的 ScrollBars 属性设置了非零值，却没有效果，原因是_____。
   A. 文本框中没有内容
   B. 文本框的 MultiLine 属性为 False
   C. 文本框的 MultiLine 属性为 True
   D. 文本框的 Locked 属性为 True

2. 判断是否在文本框中按了 Enter 键，应使用文本框的_____事件。
   A. Change   B. GotFocus   C. Click   D. KeyPress

3. 如果文本框的 Enabled 属性设为 False，则_____。
   A. 文本框的文本将变成灰色，并且此时用户不能将光标置于文本框上
   B. 文本框的文本将变成灰色，用户仍然能将光标置于文本框上，但是不能改变文本框中的内容
   C. 文本框的文本将变成灰色，用户仍然能改变文本框中的内容
   D. 文本框的文本正常显示，用户能将光标置于文本框上，但是不能改变文本框中的内容

4. 当需要上下文帮助时，选择需要帮助的控件或程序中的关键字，然后按_____键，就可出现 MSDN 窗口及对应的帮助信息。
   A. Help   B. F10   C. Esc   D. F1

5. 下列控件中，没有 Caption 属性的是_____。
   A. 框架   B. 列表框   C. 复选框   D. 单选按钮

6. 复选框的 Value 属性为 1 时，表示_____。
   A. 复选框未被选中   B. 复选框被选中
   C. 复选框内有灰色的勾   D. 复选框操作有错误

7. 单选钮被选中时，其 Value 属性的值为_____。
   A. 0   B. 1   C. True   D. False

8. 为了使得程序运行时，光标默认地置于某个文本框上，应当_____。
   A. 将该文本框的 TabIndex 属性设置为 0
   B. 将该文本框的 TabStop 属性设置为 True
   C. 将该文本框的 TabStop 属性设置为 False
   D. 将该文本框的 Enabled 属性设置为 False

9. 如果文本框的 Locked 属性设为 True，则_____。
   A. 文本框的文本将变成灰色，并且此时用户不能将光标置于文本框上

B. 文本框的文本将变成灰色，用户仍然能将光标置于文本框上，但是不能改变文本框中的内容

C. 文本框的文本将变成灰色，用户仍然能改变文本框中的内容

D. 文本框的文本正常显示，用户能将光标置于文本框上，但是不能改变文本框中的内容

10. 确保文本框中输入的全部是数字的最佳方法是_____。

A. 在 KeyDown 或 KeyUp 事件过程中摒弃非数字输入

B. 在 Validate 事件过程中利用 IsNumeric

C. 在 Change 事件过程中利用 IsNumeric

D. 在 KeyPress 事件过程中摒弃非数字输入

11. _____控件在程序运行时不能获得焦点。

A. 文本框   B. 单选钮   C. 复选框   D. 标签

12. 下面的控件中，_____在程序运行时可以获得焦点。

A. Locked 属性为 True 的文本框

B. Enabled 属性为 False 的文本框

C. 加载有图片的图像框（Image）

D. 加载有文本框的窗体

13. 默认情况下按 Tab 键时，焦点在窗体中控件间的移动顺序为_____。

A. 控件添加的顺序   B. 自左而右的顺序

C. 自上而下的顺序   D. 随机的顺序

14. 若想使图片框（PictureBox）的大小随加载图片尺寸的改变而改变，应当将_____属性设置为 True。

A. Enabled   B. AutoRedraw

C. AutoSize   D. Stretch

15. 若想使图像框（Image）中加载的图片大小随图像框尺寸的改变而改变（始终显示图片的全部内容），应当将_____属性设置为 True。

A. Enabled   B. AutoRedraw

C. AutoSize   D. Stretch

16. 下面列出的控件中，_____支持 Print 方法。

A. 文本框（TextBox）   B. 形状控件（Shape）

C. 图片框（PictureBox）   D. 标签（Label）

习题 2.2 简答题

1. 用标签和文本框都可以显示文本信息，二者有何不同？

2. 所有的控件都有 Name 属性，大部分的控件具有 Caption 属性，对于同一个控件来讲，这两个属性有何不同？

3. 图片框和图像框在什么情况下可以互相代替？在什么情况下必需使用图片框控件？在什么情况下必须使用图像框控件？

15

4. 可以通过哪些方法在图片框和图像框中装入图形？用 Windows 的画图程序画一个简单的图形，然后把它装入图片框。

5. 内部控件和 ActiveX 控件有什么区别？

习题 2 参考答案

1. B　2. D　3. A　4. D　5. B　6. B　7. C　8. A　9. D　10. D　11. D　12. A　13. A　14. C　15. D　16. C

实 验 ③

简单的程序设计

实验目的

1. 熟悉常量变量的定义与使用。
2. 熟悉各种运算及其规则。
3. 熟悉各种函数的应用。
4. 能进行简单的顺序结构的程序设计。

实验 3.1 简单打印图形

【实验任务】

使用 Print 方法、Tab 函数和 String 函数设计一个过程，显示如图 3－1 所示的图形，并将结果保存到文件中。

```
 Form1                    _ □ ✕
           1
          222
         33333
        4444444
```

图 3－1　实验 3.1 运行界面

参考代码如下：

```
Private Sub Form_Load( )
    Print Tab(15); String(1, "1")
    Print Tab(14); String(3, "2")
    Print Tab(13); String(5, "3")
```

```
    Print Tab(12); String(7, "4")
End Sub
```

提示

应先将 Form 窗体的 AutoRedraw 属性值设为 True。

实验 3.2 温度转换

【实验任务】

实现华氏温度与摄氏温度之间转换计算，实验运行界面如图 3-2 所示。

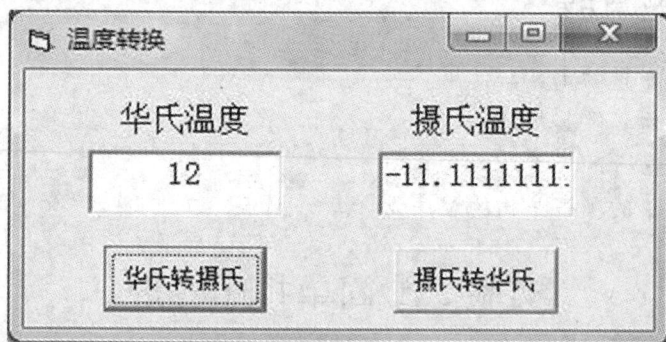

图 3-2　实验 3.5.2 运行界面

要使用转换的公式是：

$$F = \frac{9}{5}C + 32 \qquad \text{'摄氏温度转换为华氏温度，F 为华氏}$$

$$C = \frac{5}{9}(F - 32) \qquad \text{'华氏温度转换为摄氏温度，C 为摄氏}$$

要求用两种方法进行转换：

1. 用按钮实现转换。即单击"华氏转摄氏"按钮，则将 Text1 中输入的华氏温度利用华氏温度转换为摄氏温度公式进行转换，在 Text2 中显示转换后的摄氏温度；同样，单击"摄氏转华氏"按钮，则将 Text2 中输入的摄氏温度利用摄氏温度转换为华氏温度公式进行转换，在 Text1 中显示转换后的华氏温度。

2. 不用命令按钮，当数据输入结束时直接完成转换。即用户在摄氏温度文本框中输入结束（以按回车表示），激发 KeyPress 事件并判断 KeyAscii 的值为 13 时，将摄氏温度转换为华氏温度；同样，华氏转换为摄氏的实现也是如此。

> **提 示**
>
> 　　假定 Text1 存放 F 华氏温度、Text2 存放 C 摄氏温度，则 C 摄氏转换为 F 华氏的 KeyPress 事件过程为：
>
> 　　Private Sub Text2_KeyPress(KeyAscii As integer)
>
> 　　　　If KeyAscii = 13 Then
>
> 　　　　　　Text1. Text = 9 / 5 * Val(Text2. Text) + 32
>
> 　　　　End if
>
> 　　End Sub

注意：Text 文本框存放的即使是数字也为 String 类型，为了使其参与数值运算，可通过 Val（ ）函数将字符串转换为数值类型。

实验 3.3 简单计算

【实验任务】

　　编程输入半径、计算圆周长和圆面积，实验结果界面如图 3-3 所示。要求：对输入的半径进行合法性检查，若发现输入的数中有非法数字，利用 MsgBox 显示出错信息，利用 SetFocus 方法定位于出错的文本框，重新输入。

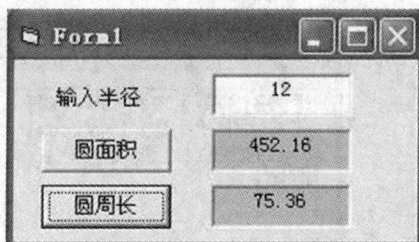

图 3-3 实验 3.3 运行界面

19

实验 3.4 Shell 函数

【实验任务】

　　在窗体上建立两个按钮，分别显示"计算器"和"记事本"（如图 3-4 所示），利用 Shell 函数执行对应的应用程序（Calc. exe 和 NotePad. exe）。

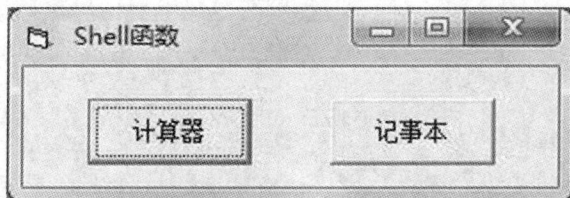

图 3-4 实验 3.5.4 运行界面

实验 3.5 数值计算

【实验任务】

编程随机产生一个五位整数，然后逆序输出，产生的数与逆序数同时显示。如：产生 12345，输出 54321（注意五位整数的存储类型应定义为 Long 型，不要利用 StrReverse 函数，使用算术运算完成实验任务）。

实验 3.6 文字处理

【实验任务】

编程建立一个文本框，并输入文本。在该文本中，随机抽取连续 6 个字符作为流动密码待用。在右边文本框中显示密码，在左边文本框中将密码部分替换为"＊＊＊＊＊＊"。实验结果如图 3-5 所示。

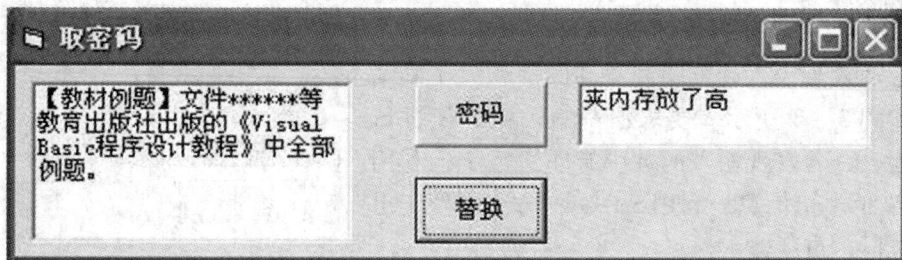

图 3-5 实验 3.6 运行界面

习 题 3

本章要求

认识和理解数据类型，分析数据分类的原因，了解自定义类型的定义方法，区分常量和变量在程序设计中的作用，熟练掌握各种数据运算操作的方法及注意事项，明确并分类掌握内部函数的使用方法，能够规范的书写 VB 程序代码。

本章知识重点

1. 数据类型及部分类型说明符

（1）数值型：Integer（%）、Long（&）、Single（!）、Double（#）、Currency、Byte。

（2）字符型：String（$）。

（3）逻辑型：Boolean。

（4）日期型：Date。

（5）变体型：Variant。

2. 常量的分类及定义

（1）直接常量（字面常量）：12、347&、3.14!、"vb"、3.5E2、3.68D3。

（2）符号常量：Const PI! =3.14。

（3）系统常量：vbCrLf、vbRed、vbYes 等。

3. 变量的定义及初始值

Dim x As Integer, y As Integer, z As Integer

Dim a%，b%，c%

定义后，数值类型的变量默认初始值为 0，字符型的变量默认初始值为空串（""），逻辑型的变量默认初始值为 False。

4. 运算符及表达式

（1）算术运算符：+、−、*、/、\、Mod、^。

（2）字符串连接运算符：& 或 +。

（3）关系运算符：>、<、> =、< =、< >、=等。

（4）逻辑运算符：Not、And、Or 等。

（5）赋值运算：=。

表达式就是由操作数及运算符构成的。

5. 常见内部函数

（1）输入输出函数：InputBox、MsgBox。

（2）格式化函数：Format。

21

（3）类型转换函数：Asc、Chr、Hex、Oct、Str、Val 等。

（4）字符串函数：LTrim、RTrim、Trim、Left、Right、Mid、Len、LenB、String、Space、Instr、LCase、UCase、Replace、StrReverse、StrComp、Replace、InstrRev 等。

（5）数学函数：Abs、Sqr、Round、Fix、Int、Sgn、Exp、Log、Sin、Cos、Tan、Atn 等。

（6）随机函数：Rnd 及 Randomize。

（7）日期函数：Date、Time、Now、Year、Month、Day、Hour、Minute、Second、DateAdd、DateDiff 等。

（8）其他常用函数：IsNumeric、LBound、UBound、LoadPicture、Shell、QBColor、RGB、TypeName 等。

6. 语句及语句的书写规范。

典型例题解析

填空题解析

（1）随机产生一个小写字母的表达式为_____。

结果：Chr（Int（Rnd ∗ 26 + 97）），其中小写字母的 ASCII 值界于 97 至 122 之间，可以利用 Int（Rnd ∗ 范围 + 基数）的公式获取，再将 ASCII 值利用 Chr 函数转换成字母字符。

（2）查找某子串在主串的位置的字符串函数名是_____。

在从主串中某位置开始截取指定长度的子串的函数名是_____。

结果1：InStr

结果2：Mid

考查函数名称。

（3）（14 \ 8 ＜ 15 \ 8 Xor （14 Mod 8 ＜ 15 Mod 8））And （-12 ＞ -8）的运算结果为_____。

结果：False，当出现混合运算的时候，优先级为算术运算符 ＞ 字符运算符 ＞ 关系运算符 ＞ 逻辑运算符。

选择题解析

（1）如果整型变量 x = 1234，则函数 Len（x）的结果是_____。

A. 1　　　　　　　B. 2　　　　　　　C. 3　　　　　　　D. 4

结果：B，Len 函数用于返回字符串的长度，即字符的个数，此外还可以用于返回非字符型变量所占的内存空间字节数。

（2）整型变量 x = 123，则 Print Len（Str（x））的实际输出结果是_____。

A. 2　　　　　　B. 3　　　　　　C. 4　　　　　　D. 5

结果：C，Str 函数用于将数值型数据转换成字符型，去掉数字末尾的空格位，但是前面仍然保留有符号位，所以转换之后的结果应该为"123"，在 123 前面还有一个空格。

（3）设 a = 5，b = 4，c = 3，d = 2，则表达式 3 > 2 * b Or a = c And b < > c Or c > d 的值是_____。

A. 1　　　　　　B. True　　　　　C. False　　　　　D. 2

结果：B，当出现混合运算的时候，优先级为算术运算符 > 字符运算符 > 关系运算符 > 逻辑运算符。

习题 3.1 选择题

1. 在一个语句内写多条语句时，每个语句之间用_____符号分隔。

　A. ,　　　　　　B. :　　　　　　C. 、　　　　　　D. ;

2. 一句语句要在下一行继续写，用_____符号作为续行符。

　A. +　　　　　　B. —　　　　　　C. _　　　　　　D. ……

3. 下面_____是合法的变量名。

　A. X_ yz　　　　B. 123abc　　　　C. integer　　　　D. X—Y

4. 下面_____是不合法的整常数。

　A. 100　　　　　B. &O100　　　　C. &H100　　　　D. %100

5. 下面_____是合法的字符常数。

　A. ABC $　　　　B. " ABC"　　　　C. ' ABC'　　　　D. ABC

6. 下面_____是合法的单精度型变量。

　A. num !　　　　B. sum%　　　　C. xinte $　　　　D. mm#

7. 下面_____是不合法的单精度常数。

　A. 100!　　　　B. 100. 0　　　　C. 1E + 2　　　　D. 100. 0D + 2

8. 表达式 16/4 – 2^5 * 8/4MOD 5\2 的值为_____。

　A. 14　　　　　B. 4　　　　　　C. 20　　　　　　D. 2

9. 数学关系 3≤x < 10 表示成正确的 VB 表达式为_____。

　A. 3 < = x < 10　　　　　　　　B. 3 < = x AND x < 10

　C. x > = 3 OR x < 10　　　　　　D. 3 < = x AND < 10

10. \ 、/、Mod、* 四个算术运算符中，优先级别最低的是_____。

　A. \　　　　　　B. /　　　　　　C. Mod　　　　　D. *

11. 与数学表达式 image20 > ; E + 11.371mm。8.462mm| 对应，VB 的不正确表达式是_____。

　A. a * b/(3 * c * d)　　　　　　B. a/3 * b/c/d

　C. a * b/3/c/d　　　　　　　　D. a * b/3 * c * d

12. Rnd 函数不可能为下列_____值。

　A. 0　　　　　　B. 1　　　　　　C. 0. 1234　　　　D. 0. 0005

13. Int（198. 555 * 100 + 0. 5）/100 的值_____。

A. 198   B. 199.6   C. 198.56   D. 200

14. 已知 A＄＝"12345678"，则表达式 Val(Left＄(A＄,4)＋Mid＄(A＄,4,2))的值为_____。

    A. 123456   B. 123445   C. 8   D. 6

15. Print DateAdd（"m"，1，#1/30/2000#）语句显示的结果是_____。

    A. 00－2－29   B. 00－2－28   C. 00－2－30   D. 00－1－31

16. 表达式 DateDiff("y",#12/30/2012#,#1/13/2013#)的结果是_____。

    A. 1   B. 11   C. 14   D. 99

17. 表达式 Len("123 程序设计 ABC")的值是_____。

    A. 10   B. 14   C. 20   D. 17

18. 表达式 LenB("123 程序设计 ABC")的值是_____。

    A. 10   B. 14   C. 20   D. 17

19. 下面正确的赋值语句是_____。

    A. x＋y＝30   B. y＝π＊r＊r   C. y＝x＋30   D. 3y＝x

20. 为了给 x，y，z 三个变量赋初值1，下面正确的赋值语句是_____。

    A. x＝1：y＝1：z＝1   B. x＝1，y＝1，z＝1

    C. x＝y＝z＝1   D. xyz＝1

21. 赋值语句：a＝123＋Mid("123456",3,2)执行后，a 变量中的值是_____。

    A. "12334"   B. 123   C. 12334   D. 157

22. 赋值语句：a＝123 & Mid("123456",3,2)执行后，a 变量中的值是_____。

    A. "12334"   B. 123   C. 12334   D. 157

23. 如下程序：e＝30：f＝20：Print e＞f

    该程序的执行结果是_____。

    A. 1   B. True   C. 0   D. False

24. 如果在立即窗口执行如下语句：

    a＄＝"Myfaverate"：b＄＝"Delete"

    c＄＝b＄ & UCase(Mid(a,3,8))：print c

    则输出结果是_____。

    A. DeleteFAVERATE   B. DELEThFAVERATE

    C. DeleteMYFAVERATE   D. MYFAVERATE

25. VB 中运算符被分为四类，分别是_____

    A. 算术运算符、连接运算符、关系运算符、逻辑运算符

    B. 算术运算符、比较运算符、关系运算符、逻辑运算符

    C. 算术运算符、连接运算符、布尔运算符、逻辑运算符

    D. 连接运算符、比较运算符、逻辑运算符、关系运算符

26. 表达式 3＞4 And 7＝5 的返回值为_____。

    A. 0   B. True   C. －1   D. False

27. 下列逻辑表达式中，其值为真的是_____。

A. "b" > "ABC"   B. "THAT" > "THE"

C. 9 > "H"   D. "A" > "a"

28. 设有如下语句：

Dim a，b As Integer

c = "VisualBasic"

d = #1/1/2013#

以下关于这段代码的叙述中，错误的是 _____

A. a 被定义为 Integer 类型变量   B. b 被定义为 Integer 类型变量

C. c 中的数据是字符串   D. d 中的数据是日期类型

29. 用关系运算符比较 Fix（3.8）、Int（3.8）、3.8 的大小关系正确的是 _____

A. Fix(3.8) = Int(3.8) < 3.8   B. Fix(3.8) < Int(3.8) < 3.8

C. Int(3.8) < Fix(3.8) < 3.8   D. Fix(3.8) < 3.8 < Int(3.8)

30. Dim x#

如果有 x = Val("1.234D2")，则表示 x 的值为 _____

A. 1   B. 1.23   C. 123.4   D. 1.234

习题 3.2 填空题

1. 在 VB 中，1234、123456&、1.2346E+5、1.2346D+5 四个常数分别表示 _____、_____、_____、_____ 类型。

2. 整型变量 x 中存放了一个两位数，要将两位数交换位置，例如，13 变成 31，实现的算术表达式是 _____。

3. 数学表达式 $\sin 15° + \dfrac{\sqrt{x+e^3}}{|x-y|} - \ln(3x)$ 的 VB 算术表达式为 _____。

4. 数学表达式 $\dfrac{a+b}{\dfrac{1}{c+5} - \dfrac{1}{2}cd}$ 的 VB 算术表达式为 _____。

5. 表示 x 能被或 2 或 4 或 6 或 8 整除的逻辑表达式为 _____。

6. 已知 a = 3.5，b = 5.0，c = 2.5，d = True，则表达式：a > = 0 And a + c > b + 3 Or Not d 的值是 _____。

7. Int（-3.5）、Int（3.5）、Fix（-3.5）、Fix（3.5）、Round（-3.5）、Round（3.5）的值分别是 _____、_____、_____、_____、_____、_____。

8. 表达式 UCase(Mid("abcdefgh"，3，4))的值是 _____。

9. 在直角坐标系中，（x，y）是坐标系中任意点的位置，用 x 与 y 表示在第一或第三象限的表达式是 _____。

10. 要以××××年××月××日形式显示当前机器内日期的 Format 函数表达式为 _____。

11. 表示 s 字符变量是字母字符（大小写字母不区分）的逻辑表达式为 _____。

12. Round（-3.6）、Round（3.6）的值分别是 _____、_____。

25

13. 某学号为 02101101 存入字符变量 s 中，获取该学号的第 5 位字符表示专业信息的表达式为＿＿＿＿＿，注意只能用一个函数。

14. 在窗体中添加两个文本框（其 Name 属性分别为 Text1 和 Text2）和一个命令按钮（Name 属性为 Command1），然后编写如下两个事件过程：

Private Sub Command1_Click( )

    a = UCase $ (Text1. Text) + Left $ (Text2. Text ,2)

    Print a

End Sub

Private Sub Form_Load( )

    Text1. Text = " aB"

    Text2. Text = "123456"

End Sub

程序运行后，单击命令按钮，输出结果为＿＿＿＿＿。

15. 在 Print 方法中，实现输出项绝对定位的函数名是＿＿＿＿＿；

在两个输出项之前插入若干空格的专用函数名为＿＿＿＿＿，注意 space 函数除外。

16. Chr(Asc("X") +2)的值为＿＿＿＿＿。

17. 声明符号常量使用＿＿＿＿＿关键字。

18. 已有如下变量声明语句：Dim a，b as integer 则变量 a 的类型为＿＿＿＿＿。

19. 随机生成一个 100～200 的随机整数的表达式是＿＿＿＿＿。

20. 数学表达式 image23 >；E +6.347mm。20.892mm］写成等价的 Visual Basic 表达为＿＿＿＿＿ （π 用 3.14 表示，顺序与数学表达式一致）

26

习题 3 参考答案

习题 3.1 选择题

1. B　2. C　3. A　4. D　5. B　6. A　7. D　8. B　9. B　10. C　11. D　12. B　13. C
14. B　15. A　16. C　17. A　18. C　19. C　20. A　21. D　22. A　23. B　24. A
25. A　26. D　27. A　28. A　29. A　30. C

其中，16 题中 Format 函数的格式符"y"表示天数；22 题中考查字符串需要用双引号括起来；28 题考查变量定义应该指明数据类型，否则为变体型；30 题中的数字中间的"D"表示双精度数据的科学计数法。

习题 3.2 填空题

1. 整型　长整型　单精度　双精度
2. (x Mod 10) * 10 + x\10
3. Sin(15 * 3.14/180) + Sqr(x + Exp(3))/Abs(x − y) − Log(3 * x)

4. $(a+b)/(1/(c+5)-c*d/2)$

5. x Mod 2 = 0

6. False

7. $-4\ 3\ -3\ 3\ -4\ 4$

8. CDEF

9. $x*y>0$

10. Format(Date,"yyyy 年 mm 月 dd 日")

11. UCase(x) > = "A" And UCase(x) < = "Z"

12. $-4\ 4$

13. Mid(s,5,1)

14. "AB12"

15. Tab Spc

16. Z

17. Const

18. 变体型或 Variant

19. Int(Rnd * 101 + 100)

20. Sqr(10) * Cos(50 * 3.14/180)

其中，在将数学表达式书写成 VB 表达式时，应尽量按原顺序书写；随机产生某区间随机整数的公式中，范围通常应该直接写结果；三角函数中需要将数学中的度转换成弧度，圆周率用 3.14 表示。

分支程序设计

实验目的

1. 掌握 Visual Basic 的常量、变量的定义和使用。
2. 掌握各种表达式的使用。
3. 掌握各种标准函数的使用。
4. 掌握分支结构程序设计方法。

实验 4.1 计算面积

【实验任务】

1. 设计程序界面如图 4-1 所示，在窗体上先放置框架一个，然后将三个单选按钮放置在框架中，放置两个标签框、两个文本框和两个命令按钮。

2. 选择某种形状的同时 Label1 动态显示相应的"半径"或"边长"。

3. 在 Text1 中输入数值后，按确定按钮，在 Text2 中显示计算的面积。

4. 形状转换时，要清除前次结果（两个文本框清空），光标聚焦 Text1。

5. 按"退出"按钮，结束运行。

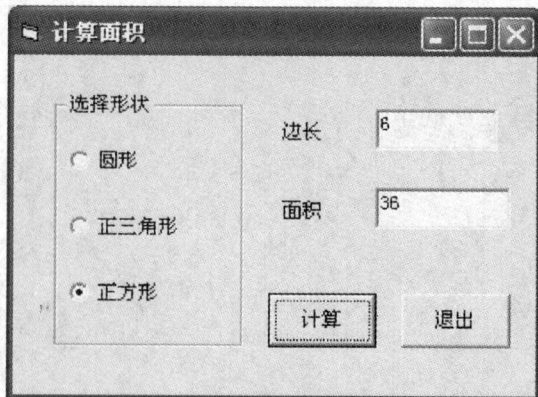

图 4-1　程序界面

可以根据单选按钮的 Value 属性进行判断，当某个按钮值为真时，则进行与之相应的计算。因此，可以使用分支结构（If…Then）来实现条件判断功能。

【实验步骤】

1. 属性设置如下：

控件名称	属性名称	属性值
Label1	Caption	空
Label2	Caption	面积
Text1	Text	空
Text2	Text	空
Frame	Caption	选择形状
Option1	Caption	圆形
Option2	Caption	正三角形
Option3	Caption	正方形
Command1	Caption	计算
Command2	Caption	退出

2. 添加代码

```
Option Explicit
Const Pi As Single = 3. 141593        ' Pi 为"符号常量"类型,不可再次赋值
Private Sub Option1_Click( )
        Label1 = "半径"
        Text1 = ""
        Text2 = ""
        Text1. SetFocus
End Sub


Private Sub Option2_Click( )
        Label1 = "边长"
        Text1 = ""
        Text2 = ""
        Text1. SetFocus
End Sub


Private Sub Option3_Click( )
        _____        ' 填写一段程序(可以模仿 Option2_Click( )中的代码)
End Sub
```

```
Private Sub Command1_Click( )
    Dim r As Single，s As Single
    r = Val( Text1)
    If Option1. Value = True Then s = Pi ＊ r ^ 2
    If Option2. Value = True Then s = r ^ 2 ＊ Sqr(3) ／ 4
    If _____ Then s = r ^ 2
    Text2 = s
End Sub


Private Sub Command3_Click( )
    End
End Sub
```

3. 保存文件，调试运行并记录结果。

提 示

请妥善保存该程序，待到学会使用控件数组后，将三个 Option 按钮用控件数组生成，可以简化程序代码。

实验 4.2 判断闰年

30

【实验任务】

对输入的任意年份判断是否为闰年（能被 4 整除并且不能被 100 整除或者能被 400 整除的为闰年），是闰年则显示 True，否则显示 False。实验界面及结果如图 4 - 2 所示。

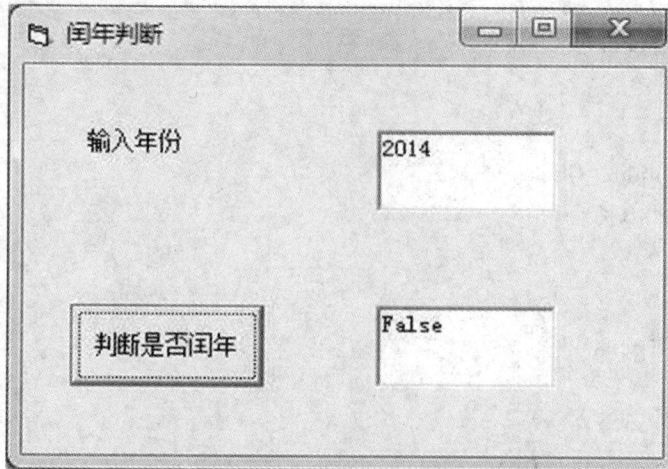

图 4 - 2　实验 4.2 运行界面与实验结果

实验4.3 登录检测

【实验任务】

在窗体上添加一个标签 Label1、文本框 Text1、一个命令按钮 Command1，界面如图 4-3（1）所示。设置适当的属性，使得文本框中输入的字符均显示为"＊"。当单击命令按钮时，如果 Text1 中的内容为"123456"，则报告图 4-3（2）的信息；否则报告图 4-3（3）的信息，当单击"是"时，光标定位于 Text1 中，并且清空 Text1 的内容，当单击"否"时，程序结束运行。

图 4-3（1）　程序运行界面　　　　图 4-3（2）　密码正确

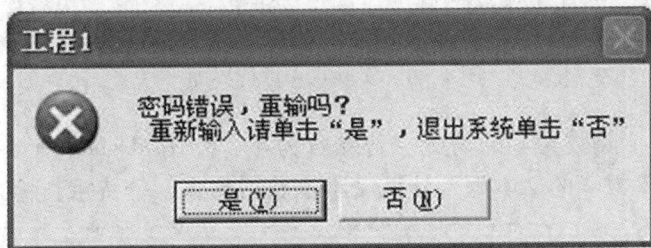

图 4-3（3）　密码不正确

提示

```
If 文本框1的内容等于"123456"    then
      提示正确
Else
      提示错误
If   用户单击了"是"then
          将 text1 清空，将光标定位于 text1
      Else
          程序退出
      end if
End if
```

注意： 第一句话不能写为 If Text1 = 123456　then

应当写为 If　Text1 ="123456"　then

因为此处 Text1 = 123456 是一个关系表达式，表达式两方的类型应当一致。如果用户输入的是 200 这样的数值，可以进行比较。但是如果用户输入的是 abc 这样的字母就会出现类型不匹配错误了。

实验 4.4 计算器

【实验任务】

编程模拟一个袖珍计算器，它可以根据输入的操作符进行不同的计算，要求最少要做加、减、乘、除四种运算。实验结果如图 4 – 4 所示。

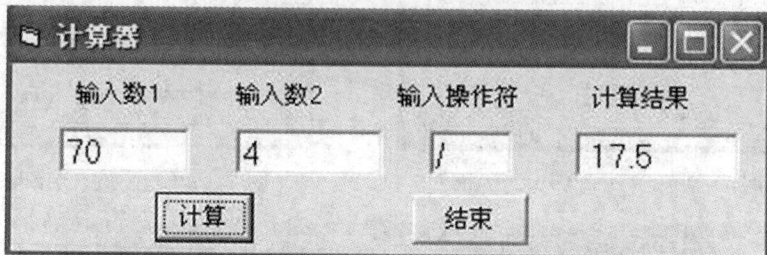

图 4 – 4　实验 4.4 运行界面

注意： 判断一下除数为零的情况。若除数为零，要用 Msgbox 消息框提示"除数不能为零"、清空输入数 2 的文本框、让该文本框获得焦点，等待重新输入合法的数据。

提示

设计界面如图 4 – 4 所示，属性设置如下：

控件名称	属性名称	属性值
Label1	Caption	输入数 1
Label2	Caption	输入数 2
Label3	Caption	输入操作符
Label4	Caption	计算结果
Text1	Text	空
Text2	Text	空
Text3	Text	空
Text4	Text	空
Command1	Caption	计算
Command2	Caption	结束

实验4.5 方程求解

【实验任务】

编程实现一元二次方程求解。要求任意输入方程的系数 a，b，c，计算并输出方程的两个根 x1，x2，界面如图 4 - 5 所示。

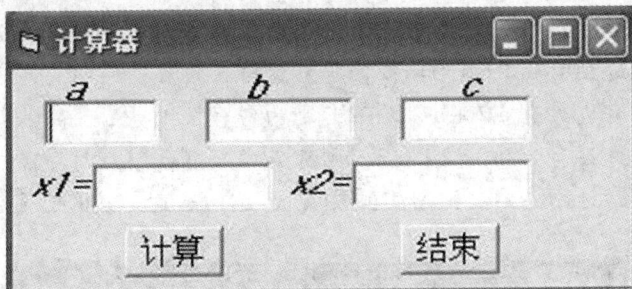

图 4 - 5 实验4.5 运行界面

【实验要求】

1. 输入 a，b，c 三个数，为了程序设计的方便可由三个文本框来实现。
2. 通过求根公式求得方程的根。计算的结果通过文本框显示。

要分为：a = 0 时，   按照一次方程求解

              a ≠ 0 时，

              $b^2 - 4ac > = 0$ 按照二次方程求实根解

              $b^2 - 4ac < 0$ 按照二次方程求虚根解

              dalt = b * b - 4 * a * c

              dalt = Sqr(- dalt)   '复根

              两个须根分别为：

文本框 = Format(- b/2/a,"0. 00")&" + "& Format(dalt/2/a,"0. 00")&" i"

文本框 = Format(- b/2/a,"0. 00")&" - "& Format(dalt/2/a,"0. 00")&" i"

3. 为简化程序，假设 a，b，c 均为数值。

实验4.6 判断三角形类型

【实验任务】

编写一个程序。根据给定图形的三边的边长来判断图形的类型。若为三角形则同时计算出为何种三角形及三角形的周长和面积。界面设计如图 4 - 6。

【实验要求】

1. 单击"判断并计算"按钮时：判断输入的条件是否为三角形，若是三角形则在 Text1 中显示"是三角形"；在 Text2 中显示是何种三角形。

2. 单击"清除再来"按钮可以将所有显示框清空，且按钮本身变为不可选取状态。当单击"判断并计算"之后重新恢复为可选状态。

提 示

（1）三角形存在的条件为任一边不为 0 且任两边之和大于第三边。

（2）若一边具有 $a^2 + b^2 = c^2$，则为直角三角形；

若所有边具有 $a^2 + b^2 > c^2$，则为锐角三角形；

若一边具有 $a^2 + b^2 < c^2$，则为钝角三角形。

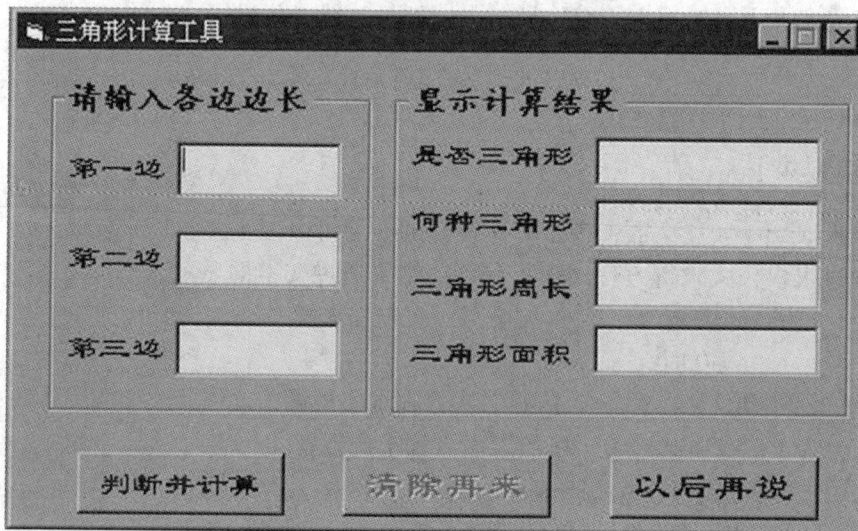

图 4-6 实验 4.6 运行界面

习　题　4

习题 4.1 选择题

1. VB 也提供了结构化程序设计的三种基本结构，三种基本结构是_____。
   A. 递归结构、选择结构、循环结构
   B. 选择结构、过程结构、顺序结构
   C. 过程结构、输入、输出结构、转向结构
   D. 选择结构、循环结构、顺序结构

2. 结构化程序由三种基本结构组成，下面属于三种基本结构之一的是_____。
   A. 递归结构　　　　　　　　　　　B. 选择结构
   C. 过程结构　　　　　　　　　　　D. 输入、输出结构

3. 下面程序段运行后，显示的结果是_____。
   Dim x%
   If x Then Print x Else Print x + 1
   A. 1　　　　　　　B. 0　　　　　　　C. −1　　　　　　D. 显示出错信息

4. 语句 If x = 1 Then y = 1，下列说法正确的是_____。
   A. x = 1 和 y = 1 均为赋值语句
   B. x = 1 和 y = 1 均为关系表达式
   C. x = 1 为关系表达式，y = 1 为赋值语句
   D. x = 1 为赋值语句，y = 1 为关系表达式

5. 用 If 语句表示分段函数 $f(x) = \begin{cases} \sqrt{x+1}, & x >= 1 \\ x^2 + 3, & x < 1 \end{cases}$，下列不正确的程序段是_____。

   A. f = x * x + 3　　　　　　　　　B. If x > = 1 Then f = sqr(x + 1)
   　　If x > = 1 Then f = sqr(x + 1)　　　　If x < 1 Then f = x * x + 3
   C. If x > = 1 Then f = sqr(x + 1)　　D. If x < 1 Then f = x * x + 3 _
   　　Else f = x * x + 3　　　　　　　　　Else f = sqr(x + 1)

6. 计算分段函数值。

   $$y = \begin{cases} 0, & x < 0 \\ 1, & 0 \leq x < 1 \\ 2, & 1 \leq x < 2 \\ 3, & x \geq 2 \end{cases}$$

   下面程序段中正确的是_____。
   A. If x < 0 Then y = 0　　　　　　B. If x > = 2 Then y = 3
   　　If x < 1 Then y = 1　　　　　　　If x > = 1 Then y = 2

35

```
        If x < 2 Then y = 2              If x > 0 Then y = 1
        If x > = 2 Then y = 3           If x < 0 Then y = 0
    C. If x < 0 Then                 D. If x > = 2 Then
            y = 0                           y = 3
        ElseIf x > 0 Then               ElseIf x > = 1 Then
            y = 1                           y = 2
        ElseIf x > 1 Then               ElseIf x > = 0 Then
            y = 2                           y = 1
        Else                            Else
            y = 3                           y = 0
        End If                          End If
```

7. 下面程序段，显示的结果是_____。

```
Dim x
x = Int（Rnd）十5
Select Case x
Case 5
    Print" 优秀"
Case 4
    Print "良好"
Case 3
    Print "通过"
Case Else
    Print "不通过"
End Select
```

A. 优秀　　　　B. 良好　　　　C. 通过　　　　D. 不通过

8. 下面程序段求两个数中的大数，_____不正确。

A. Max = IIf(x > y,x,y)　　　　B. If x > y Then Max = x Else Max = y

C. Max = x　　　　　　　　　D. If y > = x Then Max = y
　　If y > = x Then Max = y　　　　Max = x

9. 在窗体上画一个名称为 Command1 的命令按钮，然后编写如下事件过程：

```
Private Sub Command1_Click( )
    x = InputBox（"Input"）
    Select Case x
    Case 1,3
        Print "分支 1"
    Case Is >4
        Print "分支 2"
    Case Else
```

```
        Print "Else 分支 "
    End Select
End Sub
```

程序运行后，如果在输入对话框中输入 2，则窗体上显示的是

A. 分支 1　　　　　B. 分支 2　　　　　C. Else 分支　　　　　D. 程序出错

10. 以下 Case 语句中错误的是

A. Case 0 To 10

B. Case Is > 10

C. Case Is > 10 And Is < 50

D. Case 3，5，Is > 10

11. 在窗体上画一个名称为 Command1 的命令按钮，然后编写如下事件过程：

```
Private Sub Command1_Click( )
    x = -5
    If Sgn( x ) Then
        y = Sgn( x ^ 2)
    Else
        y = Sgn( x )
    End If
    Print y
End Sub
```

程序运行后，单击命令按钮，窗体上显示的是

A. -5　　　　　B. 25　　　　　C. 1　　　　　D. -1

12. 设 a = 6，则执行 x = IIF（a > 5，-1，0）后，x 的值为

A. 5　　　　　B. 6　　　　　C. 0　　　　　D. -1

13. 下列语句正确的是

A. If A ≠ B Then Print "A 等于 B"

B. If A < > B Then Printf "不 A 等于 B"

C. If A < > B Then Print "A 等于 B"

D. If A ≠ B Then Printf "A 等于 B"

14. 下面程序段执行结果为

```
x = Int( Rnd( ) + 4)
Select Case x
    Case 5
        Print "excellent"
    Case 4
        Print "good"
    Case 3
        Print "pass"
    Case Else
        Print "fail"
```

End Select

   A. excellent   B. good   C. pass   D. fail

15. 设 a = "a", b = "b", c = "c", d = "d", 执行语句 x = IIf((a < b) Or (c > d), "A", "B")后, x 的值为

   A. a   B. b   C. A   D. B

16. 下列程序执行后, 变量 a 的值为

```
Dim a, b, c, d As Single
a = 100: b = 20: c = 1000
If b > a Then
    d = a: a = b: b = d
End If
If c > a Then
    d = b: b = c: c = d
End If
```

   A. 0   B. 1000   C. 20   D. 100

17. 执行下面的程序段后, 变量 c 的值为

```
a = 14
b = 30
Select Case b \ 10
    Case 0
        c = a * 10 + b
    Case 1 To 9
        c = a * 100 + b
    Case 10 To 99
        c = a * 1000 + b
End Select
Print c
```

   A. 363   B. 2548   C. 1430   D. 9875

习题 4.2 填空题

1. 下面程序运行后输出的结果是_____。

```
x = Int(Rnd) + 3
If x^2 > 8 Then y = x^2 + 1
If x^2 = 9 Then y = x^2 - 2
If x^2 < 8 Then y = x^3
Print y
```

2. 下面程序的功能是_____。

```
Dim n% , m%
```

```
Private Sub Text1_KeyPress( KeyAscii As Integer)
    If KeyAscii = 13 Then
        If IsNumeric( Text1. Text) Then
            Select Case Text1. Text Mod 2
                Case 0
                    n = n + Text1. Text
                Case 1
                    m = m + Text1. Text
            End Select
        End If
        Text1. Text = " "
        Text1. SetFocus
    End If
End Sub
```

3. 输入文本框中若干字符，统计有多少个元音字母、有多少个其他字母，直到按 Enter 键结束，并显示结果，大小写不区分。其中 CountY 中放元音字母个数，CountC 中放其他字符数。

```
Dim CountY% ,CountC%
Private Sub Textl_KeyPress( KeyAscii As Integer)
    Dim C $
    C = _____
    If " A" < = C And C < = " Z" Then
        Select Case _____
            Case _____
                CountY = CountY + 1
            Case _____
                CountC = CountC + 1
        End Select
    End If
    If _____ Then
        Print " 元音字母有" ;CountY ;" 个"
        Print" 其他字母有" ;CountC ;" 个"
    End If
End Sub
```

39

习题 4.3 简答题

1. 设 x 与 y 是同一类型的变量，试设计一个算法，把 x 与 y 中的数据相互交换。

2. 设 a、b、c 是同一类型变量，并分别被赋予不同大小的数据，设计一个算法，使得执行的结果为 a > b > c。

3. 在文本框 Textl 与 Text2 中分别输入 35 与 48，变量 S 与 X 分别为字符型与整型，试问，以下赋值语句的执行结果是什么?

$$S = Textl. \, Text + Text2. \, Text$$
$$X = Textl. \, Text + Text2. \, Text$$
$$S = Textl. \, Text \, \& \, Text2. \, Text$$
$$X = Textl. \, Text \, \& \, Text2. \, Text$$
$$S = Val(\, Textl. \, Text) + Text2. \, Text$$
$$X = Val(\, Textl. \, Text) + Text2. \, Text$$
$$S = Val(\, Textl. \, Text) \, \& \, Text2. \, Text$$
$$X = Val(\, Textl. \, Text) \, \& \, Text2. \, Text$$

习题 4.4 操作题

1. 将键盘输入的一位数字翻译为英文单词，如图 4 - 7 所示。若输入长度大于 1 且不是 0 ~ 9 之间的数字，显示"输入错误，请重新输入"的信息。

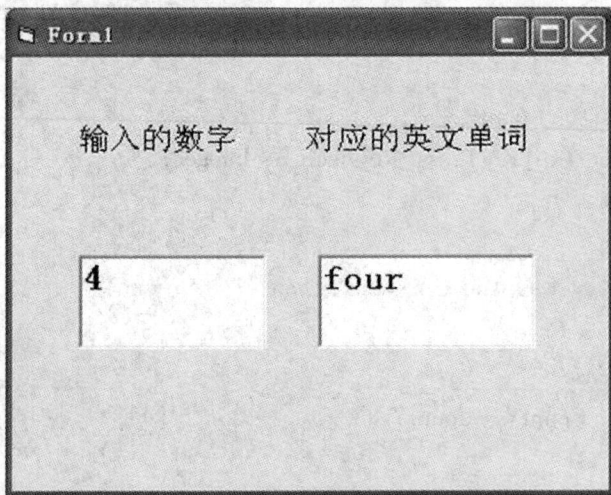

图 4 - 7　数字转单词界面

2. 从键盘输入一个大写字母，要求改用小写字母输出。提示：Visual Basic 提供了一个标准函数 Lcase (x)，方便地将大写字母转换成小写字母。

3. 货币兑换。将输入的人民币金额按指定的要求兑换为美元或港币。美元和人民币兑换比为 1∶6.65；人民币和港币兑换比为 1.15∶1。

要求：

(1) 应用程序窗体如图 4 - 8 所示。

(2) 程序运行时和单击"清除"按钮后，光标自动停在人民币金额文本框中。

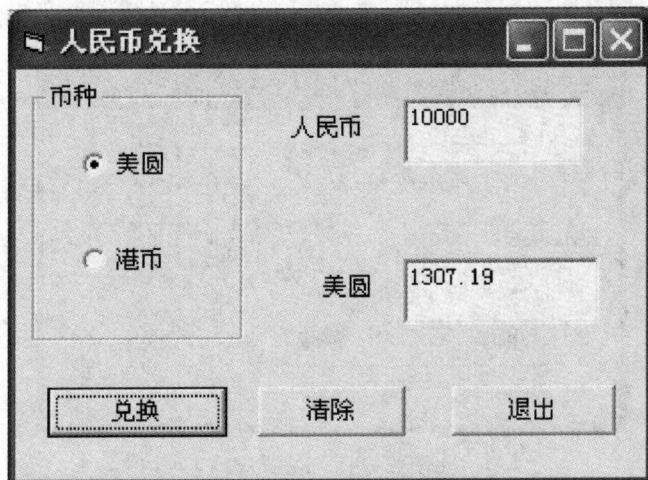

图4-8　币种兑换界面

（3）程序运行时默认币种为美元。

4. 计算税款。国家规定，收税标准如下：

收入	超出部分税率
1000 以下	0
$1000 \leqslant s < 1500$	5%
$1500 \leqslant s < 2000$	10%
$2000 \leqslant s < 2500$	15%
$2500 \leqslant s < 5000$	20%
5000 以上	25%

5. 计算分段函数 y 的值。

$$y = \begin{cases} 1 & x < 0 \\ x^2 & 0 \leqslant x < 5 \\ e^x + 3x & x > 5 \end{cases}$$

6. 从键盘输入三个数,将它们从大到小依次排列输出。界面如图4-9所示。

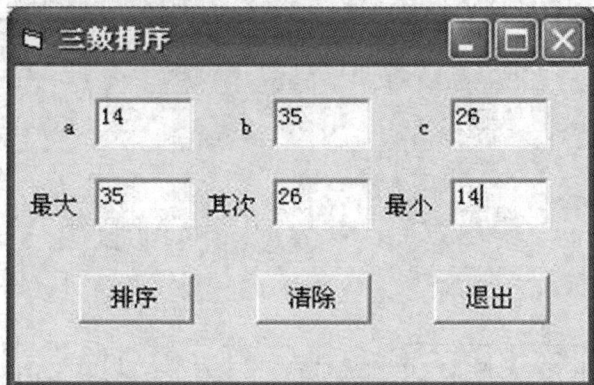

图4-9 三数排序

注意:a、b、c 三个数之间的各种可能性都要考虑到,才能得到正确结果。请输入各种不同情况的数据验证程序。

7. 从 Inputbox 输入一个数字(1~12),用英文显示对应的月份和天数,界面如图4-10所示。

图4-10(1) 月份输出英文主界面

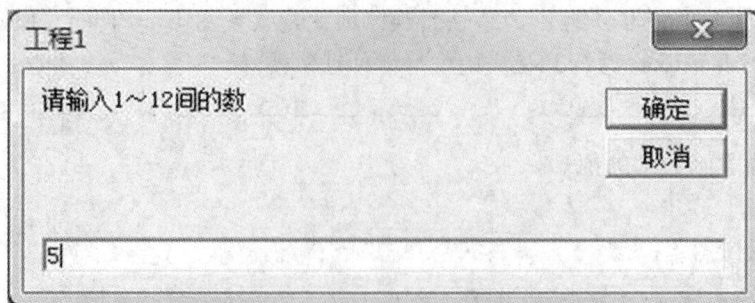

图4-10(2) 月份输出英文输入

提　示

在某年 12 月 31 日的基础上,利用 Dateadd 函数增加 N 个月,得到的日期就是下一年第 N 个月的最后一天,提取该日期中的"日",就是该月的天数。

习题 4 参考答案

习题 4.1 选择题

1. D　2. B
3. A　x 没有赋值,默认为 0。而在 VB 中,0 作为逻辑常量 False,非 0 作为 True。
4. C　5. C　6. D　7. A　8. D　9. C　10. C　11. C　12. D　13. C　14. B　15. C
16. D　17. C

习题 4.2 填空题

1. 7 (注意:此题为三条单分支结构语句,而不是一条多分支结构语句)
2. 分别统计输入若干数的奇数和、偶数和,存放在 m、n 中
3. UCase(Chr(KeyAscii))　　(注意:大小写不区分,所以都转成大写字母进行判断)
4. C
5. " A "," E "," I "," O "," U "
6. Else
7. KeyAscii = 13

习题 4.4 参考答案

1. 参考程序:

```
Private Sub Form_Click( )
Dim x% , y% , z $
x = InputBox("x = ?")
y = Len(Trim(x)) '求数字 x 的长度
If y > 1 Or x < 0 And x > 9 Then
    MsgBox "输入错误,请重新输入"
Else
Select Case x
    Case 0
        z = "zero"
    Case 1
        z = "one"
```

```
    Case 2
        z = "two"
    Case 3
        z = "three"
    Case 4
        z = "four"
    Case 5
        z = "five"
    Case 6
        z = "six"
    Case 7
        z = "seven"
    Case 8
        z = "eight"
    Case 9
        z = "nine"
End Select
Text1 = x
Text2 = z
End If
End Sub
```

2. 参考程序:

```
Private Sub Form_Click()
Dim x $ , y $
x = InputBox("x = ?")
If Asc(x) < 65 Or Asc(x) > 90 Then
    MsgBox "输入错误,请重新输入"
Else
    y = LCase(x)
End If
Text1 = x
Text2 = y
End Sub
```

3. 参考程序:

```
Private Sub Option1_Click()
    Label2 = "美元"
    Text2 = ""
    Text1. SetFocus
```

End Sub

Private Sub Option2_Click()
　　Label1 = "港币"
　　Text2 = ""
　　Text1. SetFocus
End Sub
Private Sub Command1_Click()
　　Dim r As Single, s As Single
　　r = Val(Text1)
　　If Option1. Value = True Then s = 6. 65 * r
　　If Option2. Value = True Then s = r / 1. 15
　　Text2 = Format(s, "0. 00")
End Sub
Private Sub Command2_Click()
Text1 = ""
Text2 = ""
End Sub

Private Sub Command3_Click()
　End
End Sub

45

4. 参考程序：
Private Sub Text1_KeyPress(KeyAscii As Integer)
If KeyAscii = 13 Then
　　x = Val(Text1)
　　If x < 1000 Then
　　　y = 0
　　ElseIf x < 1500 Then
　　　y = (x - 1000) * 0. 05
　　ElseIf x < 2000 Then
　　　y = (x - 1000) * 0. 1
　　ElseIf x < 2500 Then
　　　y = (x - 1000) * 0. 15
　　ElseIf x < 5000 Then
　　　y = (x - 1000) * 0. 2
　　Else
　　　y = (x - 1000) * 0. 25

```
        End If
        Text2 = y
    End If
End Sub
```

5. 参考程序：

```
Private Sub Text1_KeyPress(KeyAscii As Integer)
    If KeyAscii = 13 Then
        x = Val(Text1)
        If x < 0 Then
            y = 1
        ElseIf x < 5 Then
            y = x * x
        Else
            y = Exp(2) + 3 * x
        End If
        Text2 = Format(y, "0.00")
    End If
End Sub
```

6. 参考程序：

```
Private Sub Command1_Click()
Dim a!, b!, c!, t!
    a = Text1
    b = Text2
    c = Text3
    If a < b Then t = a: a = b: b = t
    If a < c Then t = a: a = c: c = t
    If b < c Then t = b: b = c: c = t
    Text4 = a
    Text5 = b
    Text6 = c
End Sub
```

```
Private Sub Command2_Click()
    Text1 = ""
    Text2 = ""
    Text3 = ""
    Text4 = ""
    Text5 = ""
```

```
        Text6 = " "
End Sub


Private Sub Command3_Click( )
    End
End Sub
```

7. 参考程序

```
Private Sub Command1_Click( )
    a = InputBox("请输入 1~12 间的数")
    If IsNumericA. Then
        Do Until a >= 1 And a <= 12
            MsgBox "输入范围超过 1~12,请重新输入"
            a = InputBox("请输入 1~12 间的数")
            If Not IsNumericA. Then
                MsgBox "请输入 1~12 间的一个整数!"
                a = 0
            End If
        Loop
        b = DateAdd("m", a, #12/31/2005#)
        Print Format(b, "mmmm")
        Print Format(b, "d")
    Else
        MsgBox "请输入 1~12 间的一个整数!"
    End If
End Sub
```

循环结构程序设计

实验目的

1. 掌握各种类型循环结构程序设计方法。
2. 掌握多重循环的用法。
3. 熟悉一些常用的算法。
4. 掌握字符串函数的使用。

实验 5.1 打印图形

【实验任务】

编程利用循环结构显示如图 5-1 的结果，要求利用 Form_ Click 事件完成程序设计。

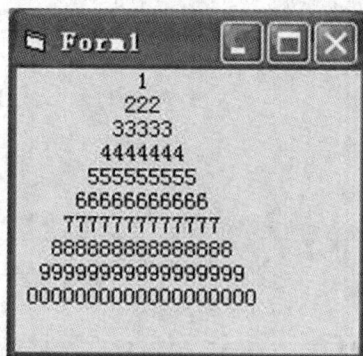

```
Form1
           1
          222
         33333
        4444444
       555555555
      66666666666
     7777777777777
    888888888888888
   99999999999999999
  0000000000000000000
```

图 5-1　实验 5.1 运行界面

> **提示**
>
> 1. 因为输出图形的行数已知，因此可以利用 For – Next 循环语句进行设计。
>
> 2. 利用 String 函数的功能进行设计，注意 String 函数的格式要求，它要求输出字符串的首字符重复多少次，因此本题可以用 Right 函数获得所需数字输出图形。
>
> 3. 每行的显示位置比上一行向前移一个位置，因此可以利用 Tab 定位函数控制输出位置，即可以 Tab（常数 – 当前所在行数）来控制，注意常数要大于总行数。

注意：

String(5，"A")的结果为"AAAAA" String(5,65)的结果为"AAAAA"

String(3，"0")的结果为"000" String(3,48)的结果为"000"

也就是说 String（参数1，参数2）函数的第一个参数为数值表示重复的次数，第二个参数为字符串表示重复该字符的首字符，如果第二个参数为数值，则将该数值看作是 ASCII 值，重复该 ASCII 值对应的字符。

实验5.2 数列求和

【实验任务】

用 FOR 循环编程计算 $S = \dfrac{1}{2} + \dfrac{1}{4} + \dfrac{1}{6} + \cdots + \dfrac{1}{100}$ 的值。要求利用 Form_ Click 事件完成程序设计，最后在窗体上输出累加和即可。

> **提示**
>
> 注意累加和变量 S 要用实型变量。

实验5.3 四位数求和

【实验任务】

计算所有四位数中各个位置上的数字是 0 或 2 或 4 或 6 或 8 的数的和，在文本框中显示结果，界面如图 4 – 2 所示。

图 5-2 实验 5.3 界面

实验 5.4 近似计算

【实验任务】

编程计算 π 的近似值，直到通项的值小于 1.001 为止，π 的计算公式为：

$$\pi = 2 \times \frac{2^2}{1 \times 3} \times \frac{4^2}{3 \times 5} \times \frac{6^2}{5 \times 7} \times \cdots \times \frac{(2 \times n)^2}{(2n-1) \times (2n+1)}$$

并把计算在窗体上打印出来。

> **提 示**
>
> 可以利用 Form_ Click 事件，在窗体上输出 π 的近似值。这是一个典型的无法预知循环次数的问题，一般用 Do-Loop 语句可以配合 Exit Do 语句来解决。在循环中可以用 n 表示项数，它的初值可以为 2，每做一次循环，$n = n + 1$；如果的通项的值小于 1.001，则结束循环，输出结果。注意变量的类型定义。由于 $(2*n)^2$ 会很大，因此数据类型定义时应当定义为长整型、双精度等类型

思考：

（1）若想将结果保留小数点后两位，对第三位四舍五入，应怎样修改代码？

（2）将公式改为

$$S = 1 - \frac{2x}{x^2} + \frac{3x}{x^3} - \frac{4x}{x^4} + \frac{5x}{x^5} - \cdots \qquad (x > 1)$$

要求计算结果第 n 项的绝对值小于 10^{-5}。

请修改程序代码。

实验 5.5 水仙花数

【实验任务】

利用一重循环编程显示出所有的水仙花数。所谓水仙花数，是指一个 3 位数，其各位数字立方和等于该数字本身。例如，153 是水仙花数，因为 $153 = 1^3 + 5^3 + 3^3$。要求用 Form_ Click 事件完成程序设计，在窗体上输出水仙花数。

提示

解该题可以有两种方法，其一利用一重循环将一个三位数逐一分离成三个一位数；其二利用三重循环将三个一位数合并成一个三位数（教材上例题已给出）。

实验 5.6 判断素数

【实验任务】

编程输入一个正整数，判断该正整数是否为素数。要求依据素数的定义"一个数 x 除了 1 和它本身之外，不能被任何数整除，则 x 为素数"，对输入的正整数进行判断。

提示

可以定义一个整型变量 i，i 从 2 至 x − 1 以步长值 1 依次递增，若 x 能被 i 整除，则停止循环，即

```
For  i = 2  To  x − 1
    If  x  Mod  I = 0  Then  Exit  For
Next
```

当循环正常结束，即循环变量的值从 2 变化到 x（x − 1 + 1），说明 x 是素数；而当循环通过 Exit For 语句非正常结束，说明 x 不是素数。

```
If  i = x  Then
    MsgBox  str (x) +" 是素数"
Else
    MsgBox  str (x) +" 不是素数"
End  If
```

思考: 下面的程序正确吗? 为什么?

```
For  i = 2  To  x - 1
    If  Mod( x , i ) = 0  Then
        MsgBox  str( x ) + "不是素数"
    Else
        MsgBox  str( x ) + "是素数"
    End  If
Next i
```

2. 实际上,循环变量 i 并不需要变化到 x - 1,请你至少想出两个小于 x - 1 的循环终值:_____和_____。

【实验步骤】

1. 界面设计如图 5 - 3 所示,在窗体上放置一个 Label 控件、一个 TextBox 控件和两个 CommandButton 控件。

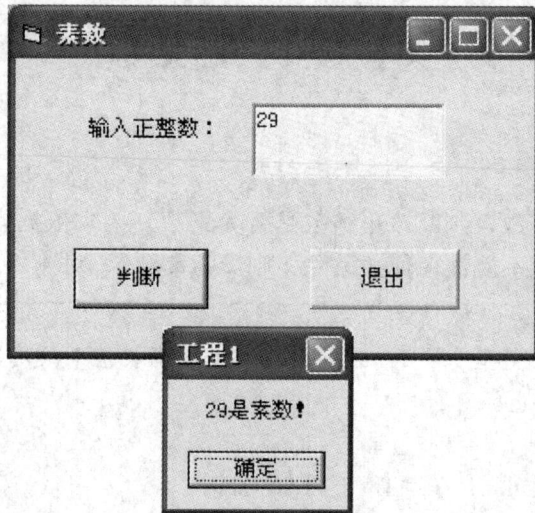

图 5 - 3 判断素数

2. 属性设置

控件名称	属性名称	属性值
标签1	Name	LblInput
	Font	宋体三号粗体
	Caption	输入正整数
文本框1	Name	TxtInput
	Text	空
命令按钮1	Name	CmdJudge
	Caption	判断
命令按钮2	Name	CmdExit
	Caption	退出

3. 完善程序

```
Option Explicit
Dim i As Integer
Dim x As Integer
Private Sub cmdJudge_Click( )
    x = Val( txtInput. Text)
    For i = 2 To x - 1
        If x Mod i = 0 Then Exit For
    Next
    If _____        Then
        MsgBox Str( x) + "是素数!"
    Else
        MsgBox Str( x) + "不是素数!"
    End If
End Sub

Private Sub cmdExit_Click( )
    End
End Sub
```

4. 保存文件，调试运行。

5. 利用另一种方法，设置标识变量方法自己进行求素数程序的编写。

53

实验 5.7 双重循环

【实验任务】

编程显示如图 5 - 4 中的结果。要求利用 Picturebox 的单击事件在 Picturebox 中显示该结果。

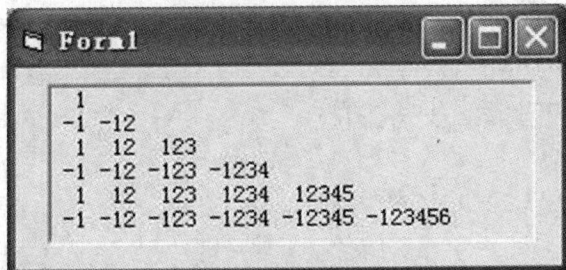

图 5 - 4 双重循环

```
提 示
    可以利用双重循环打印输出结果。解题方法有两种，其一利用数值
实现，就是将各列列号通过运算连接起来；其二利用字符串子串，就是
从字符串中不断取所需的字符串而得。
```

参考程序：

1. 利用数值实现

```
Private Sub Picture1_Click
    Dim s as Long
        For i = 1 to 6
        S = 0
        For j = 1 to i
            s = s * 10 + j
            if I Mod 2 = 0 Then
                Picture1. Print  - s;
            Else
                Picture1. Print   s;
            End if
        Next j
        Picture1. Print
        Next I
End Sub
```

2. 利用字符串子串实现

```
Private Sub Picture1_Click
    Dim s as String
    s = "123456"
    For i = 1 to 6
        For j = 1 to i
        if I Mod 2 = 0 Then
            Picture1. Print " - ";Left(s,j);
        Else
            Picture1. Print "   ";Left(s,j);
        End if
        Next j
        Picture1. Print
    Next i
End Sub
```

实验5.8 综合练习

【实验任务】

编程求 $S_n = a + aa + aaa + \cdots aaaa \cdots$（n 个 a），其中 a 是一个由随机数产生的 $1 \sim 9$（包括 1，9）中的一个正整数，n 是一个由随机数产生的 $5 \sim 10$（包括 5，10）中的一个正整数。

例如：当 $a = 2$，$n = 5$ 时，要求在窗体上打印：

$a = 2$　$n = 5$　$S_n = 2 + 22 + 222 + 2222 + 22222 = 24690$

提 示

为了得到不断重复的数，可在循环体中利用通项

$$t = t * 10 + a$$

t 的初值为 0。

习 题 5

习题 5.1 选择题

1. 以下_____是正确的 For…Next 结构。

   A. For x = 1 To Step 10   B. For x = 3 To − 3 Step − 3

       …   …

     Next x   Next x

   C. For x = 10 To 1   D. For x = 3 To 10 Step 3

     re：……   …

     Next x   Next y

2. 下列循环能正常结束循环的是_____。

   A. i = 5   B. i = 1

     Do   Do

       i = i + 1   i = i + 2

     Loop Until i < 0   Loop Until i = 10

   C. i = 10   D. i = 6

     Do   Do

     i = i − 1   i = i − 2

     Loop Until i < 0   Loop Until i = 1

3. 下面程序段的运行结果为_____。

   ```
   For i = 3 To 1 Step − 1
     Print Spc(5 − i);
     For j = 1 To 2 * i − 1
       Print " * ";
     Next j
     Print
   Next i
   ```

   A.   *   B. * * * * *   C. * * * * *   D. * * * * *

        * * *   * * *   * * *   * * *

       * * * * *   *   *   *

4. 当在文本框输入 "ABCD" 四个字符时，窗体上显示的是_____。

   ```
   Private Sub Textl_Change()
     Print Textl. Text;
   End Sub
   ```

A. ABCD   B. A   C. AABABCABCD   D. A

                    B   AB

                    C   ABC

                    D   ABCD

5. 哪个程序段不能分别正确显示 1!、2!、3!、4! 的值_____。

A. For i = 1 To 4   B. For i = 1 To 4

    n = 1   For j = l To i

    For j = 1 To i   n = 1

      n = n * j   n = n * j

    Next j   Next j

    Print n   Print n

    Next i   Next i

C. n = 1   D. n = 1：j = 1

    For j = 1 To 4   Do While j < = 4

      n = n * j   n = n * j

      Print n   Print n

    Next j   j = j + 1

                                    Loop

6. 以下_____是错误的循环结构。

A. For x = 1 To Step l0   B. For x = 3 To − 3 Step − 3

     For y = 1 to 5   For y = x to 3

        …   …

     Next y   Next y

    Next x   Next x

C. For x = 10 To 1   D. For x = 3 To 10 Step 3

     For y = 1 to x   For y = 1 to − 4 step x

       …   …

     Next y   Next y

       Next x   Next x

7. 下面程序段的运行结果为_____。

For i = 1 To 10 Step 4

    i = i + 1

Next i

Print i

A. 11   B. 12   C. 13   D. 14

8. 下面程序段的循环次数为_____。

For i = 1 To 10 Step 4

    i = i + 1

Next i

Print i

A. 1　　　　　　　　B. 2　　　　　　　　C. 3　　　　　　　　D. 4

9. 下面程序段的循环次数为_____。

For i = 1 To 10 Step 4

　　i = i + 1

　　If i > 10 Then i = i − 4

Next i

Print i

A. 1　　　　　　　　B. 2　　　　　　　　C. 3　　　　　　　　D. 4

10. VB 程序运行中出现死循环现象时，应按键盘上的_____组合键中断程序。

A. Ctrl + Break　　B. Alt + Break　　C. Shift + Break　　D. Tab + Break

11. 当在文本框输入"ABCD"四个字符时，窗体上显示的是_____。

Private Sub Text1_Change( )

　　For i = 1 to Len(Text1. Text)

　　　Print Mid(Text1. Text,i,1);

　　Next i

　　Print

End Sub

A. ABCD　　　　B. A　　　　　　C. AABABCABCD　　D. A

　　　　　　　　　　B　　　　　　　　　　　　　　　　　AB

　　　　　　　　　　C　　　　　　　　　　　　　　　　　ABC

　　　　　　　　　　D　　　　　　　　　　　　　　　　　ABCD

12. 当单击命令按钮 command1 时，窗体上显示的是_____。

Private Sub Command1_Click( )

a = 0

For i = 1 To 2

　For j = 1 To 4

　　If j Mod 2 < > 0 Then

　　　a = a + 1

　　End If

　　a = a + 1

　Next j

Next i

Print a

End Sub

A. 11　　　　　　　B. 12　　　　　　　C. 13　　　　　　　D. 14

13. 用循环结构解决问题时，如果循环的次数已知，通常采用_____；当循环的次数未知，需要判断条件是否成立来决定循环执行和退出时，通常采用_____。

A. For…Next 循环、Do…Loop 循环

B. Do…Loop 循环、For…Next 循环

C. For…Next 循环、For…Next 循环

D. Do…Loop 循环、Do…Loop 循环

14. 循环结构中，无论循环条件是否成立都会至少循环一次的循环是_____。

A. For…Next 循环　　　　　　B. Do While…Loop 循环

C. Do…Loop Until 循环　　　　D. Do Until…Loop 循环

习题 5.2 填空题

1. 要使下列 For 语句循环执行 20 次，循环变量的初值应当是：

For k = _____ To − 5 Step − 2

2. 下面程序段显示_____个 " * "。

```
For i = 1 To 5
    For j = 2 To i
        Print " * " ;
    Next j
Next i
```

3. 下列第 40 句共执行了_____次，第 41 句共执行了_____次。

```
30    For j = 1 To 12 Step 3
40        For k = 6 To 2 Step − 2
41            Print j,k
42        Next k
43    Next j
```

4. 以下程序运行后，si、sj、sk、i、j、k 的结果分别是_____、_____、_____、

_____、_____、_____。

```
Private Sub Command1_Click( )
    si = 0 : sj = 0
    For i = 1 To 2
        For j = 1 To i
            sk = 0
            For k = j To 3
                sk = sk + 1
            Next k
            sj = sj + 1
        Next j
        si = si + 1
    Next i
```

```
        Print si, sj, sk, i, j, k
    End Sub
```

5. 下面程序运行后输出的结果是_____。

```
    Private Sub Command1_Click( )
        For i = 0 To 3
            Print Tab(5 * i + 1);"2" + i;"2" & i;
        Next i
    End Sub
```

6. 下面程序运行后输出的结果是_____。

```
    Private Sub Command1_Click( )
        a $ = " * ":B $ = " $ "
        For i = 1 To 4
            If i Mod 2 = 0 Then
                x $ = String(Len(a $ ) + i,B $ )
            Else
                x $ = String(Len(a $ ) + i,a $ )
            End If
            Print x $ ;
        Next i
    End Sub
```

7. 输入任意长度的字符串，要求将字符顺序倒置，例如，将输入的"ABCDEFG"变换咸 GFEDCBA"。

```
    Private Sub Command1_Click( )
        Dim a $ ,i% ,cc $ ,d $
        a = InputBox $ ("输入字符串")
        n = _____
        For i = 1 To _____
            c = Mid(a,i,1)
            Mid(a,i,1) = _____
            _____ = c
        Next i
        Print a
    End Sub
```

8. 找出被 3、5、7 除，余数为 1 的最小的 5 个正整数。

```
    Private Sub Command1_Click(  )
    Dim CountN% ,n%
        CountN = 0
        n = 1
```

```
        Do
            n = n + 1
            if _____ Then
                Print n
                CountN = CountN + 1
            End If
        Loop _____
    End Sub
```

9. 某次大奖赛，有七个评委打分，如下程序对一名参赛者，输入七个评委的打分分数，去掉一个最高分、一个最低分后，求出平均分为该参赛者的得分。

```
    Private Sub Command1_Click( )
        Dim mark! ,aver! ,i% ,max1! ,min1 !
        aver = 0
        For i = 1 To 7
            mark = InputBox("输入第"& i &"位评委的打分")
            If i = 1 Then
                max1 = mark : _____
            Else
                If mark < min1 Then
                    _____
                Else lf mark > max1 Then
                    _____
                End If
            End If
            _____
        Next i
        aver = _____
        Print aver
    End Sub
```

习题 5.3 简答题

1. 翻译密码。要求输入的原码一率转换为大写字母进行译码，若出现字母以外的其他字符，显示出错信息。

译码规则为：

原码（输入码）	A	B	C	...	X	Y	Z
译码（输出码）	G	H	I	...	D	E	F

实验分析：一般的译码规则都是有规律的，我们也不难发现本题的规律，即每个原码字母在 A－Z－A 首尾相连的字母表上向后移 6 位为译码。在 Visual Basic 中用 Chr 和 Asc 函数可以很容易实现这一点。注意字母 T 对应 Z，U 就应该对应字母 A 了。

2. 阅读下列程序，填写结果。

单击窗体后，在弹出的输入框中键入"Very good"后，窗体上第一行显示_____，第二行显示_____。

```
Dim putword As String
Private Sub Form_Click( )
    Dim phrase As String, nextword As String, Blankposition As Integer
    phrase = InputBox("请输入一句英文")
    Blankposition = InStr(1, phrase, " ")  ' " " 中有一空格,下面三处" "也有空格
    Do While Blankposition < > 0
        nextword = Left(phrase, Blankposition − 1)
putword = putword & Right(nextword, Len(nextword) − 1) & Left(nextword, 1) & " "
        phrase = Right(phrase, Len(phrase) − Blankposition)
        Blankposition = InStr(1, phrase, " ")
    Loop
    nextword = phrase
    Print nextword
putword = putword & Right(nextword, Len(nextword) − 1) & Left(nextword, 1) & " "
    Print putword
End Sub
```

3. 阅读下列程序，填写结果。

单击窗体执行下面代码，Print 语句执行次数为_____，第一个输出值为_____，最后一个输出值为_____。

```
Private Sub Form_Click( )
    Dim b As Integer, c As Integer, m As Integer
    For p = 0 To 4
        Do While c < p
            Select Case (p + c − 1)
                Case − 1, 0
                    m = m + 1
                Case 1, 2, 3
                    m = m + 2
                Case Else
                    m = m + 3
            End Select
            Print m
```

```
            c = c + 1
        Loop
    Next p
End Sub
```

4. 阅读程序，写出执行结果。

(1)
```
Private Sub Cmdl_Click( )
    Dim a As Integer,b As Integer
    a = 1:b = 0
    Do While a < = 5
    b = b + a * a
        a = a + 1
    Loop
    Print a,b
End Sub
```

(2)
```
Private Sub Cmdl_Click( )
    Dim ch As String,I As Integer
    Ch = "DEF"
    For   I = 1 To Len( ch)
        Ch = Mid( ch,2 * I - 1,1) & Left( ch,Len( ch) )
        Print ch
    Next I
End Sub
```

(3)
```
Private Sub Cmdl_Click( )
    Dim p As Integer,I As Integer
    p = 1
    For I = 1 To 5
      p = p + (2 * I - 1)/(2 * I + 1)
      If p > = 20 Then Exit For
    Next I
    Print I,p
End Sub
```

(4)
```
Private Sub Cmdl_Click( )
    Dim p As Integer,I As Integer,n As Integer
    p = 2:n = 20
    For I = 1 To n Step p
        P = p + 2
        n = n - 3
        I = I + 1
```

```
        If p > = 10 Then Exit For
      Next I
      Print I,p,n
End Sub
```

5. 执行下面程序，第一行输出结果是_____，第二行输出结果是_____。

```
Private Sub Command1_Click( )
    Dim i As Integer, j As Integer
    j = 10
    For i = 1 To j
        i = i + 1
        j = j - i
    Next i
    Print i
    Print j
End Sub
```

6. 执行以下语句后，a 的值为_____。

```
Dim a As Integer
a = 1
Do Until a = 100
    a = a + 2
Loop
```

A. 102　　　　　　B. 100　　　　　C. 溢出　　　　　D. 101

7. 下面的程序完成_____功能。

```
Private Sub Form_Click( )
    For i = 1 To 9
    For j = 1 To 9
        Print i;" * ";j;" = ";i * j;
    Next j
    Print
    Next i
End Sub
```

习题 5.4 设计题

1. 有一个长阶梯，如果每步跨 2 阶最后剩 1 阶，如果每步跨 3 阶最后剩 2 阶，如果每步跨 4 阶最后剩 3 阶，如果每步跨 5 阶最后剩 4 阶，如果每步跨 6 阶最后剩 5 阶，只有当如果每步跨 7 阶时恰好走完，问这个阶梯有多少阶？

利用其肯定是 7 的倍数这个条件，然后根据同时满足除 n 余 m（n = 2，3，4，5，6；m = 1，2，3，4，5）的逻辑关系即可。

2. 编写程序，随机生成 100 个两位整数，并统计出其中小于等于 40、大于 40 小于等于 70 及大于 70 的数据个数。

3. 随机生成 20 个 100 以内的正整数，将其中的奇数和偶数分两行显示在窗体上。

4. 编写程序，求出 100 之内的所有勾股数。所谓勾股数是指满足条件 $a^2 + b^2 = c^2$（$a \neq b$）的自然数。

5. 下述程序的功能是将窗体上 Text1 中的输入的十进制数转换成二进制数，（二进制数字之间不得有空格）请在空格处填入相应的程序，使之完成上述功能。

```
Private Sub Command1_Click( )
    Dim x As Integer, y As Integer
    Dim St As String
    x = Val( Text1. Text)
    Do
      y = x Mod 2
      x = x \ 2
      St = _____
    Loop Until _____
    Label1. Caption = St
End Sub
```

6. 下述程序是统计二位整数的个数，要求其二个数字不能相同并显示该二位整数。请在空格处填入相应的程序，使之完成上述功能。

```
Private Sub Command1_Click( )
Dim n As Integer, i As Integer, j As Integer, x As Integer
n = 0
For _____
    For j = 0 To 9
      If _____ Then
        x = 10 * i + j
        n = n + 1
        Print x,
      End If
    Next j
Next i
Print
```

```
            Print "Number = ", n
      End Sub
```

7. 计算表达式 $1 - 2/3 + 3/5 - 4/7 + \cdots + n/(2*n-1)$ 的值（n 是项数，奇数项取正号），直到通项的绝对值小于 0.501 为止。

提示

在 Command1_ Click 事件中完成。并把结果打印在窗体上。

习题5 参考答案

习题5.1 选择题

1. B   2. C   3. B   4. C   5. B   6. A   7. A   8. B   9. B   10. A   11. D   12. B   13. A
14. C

习题5.2 填空题

1. 33   根据循环次数计算公式得。

2. 10   该题相当于统计两重循环执行了多少次。

3. 4   相当于统计外循环体执行多少次。

   12   相当于统计两重循环体执行多少次。

4. 2   3   2   3   3   4

5. 2 20 3 21 4 22 5 23

6. * * $ $ $ * * * * $ $ $ $ $

7. LenA.   解该题的思路是将字符串从两头往中间对应交换位置

   int(n/2) 或 n\2

   Mid(a, n - i + 1, 1)

   Mid(a, n - i + 1, 1)

8. n Mod 3 = 1   And n Mod 5 = 1 And n Mod 7 = 1

   Until CountN = 5 或 While CountN < 5

9. min1 = mark   对最低分初始化。

   min1 = mark

   max1 = mark

   aver = aver + mark

   (aver - max1 - min1)/5

习题5.3 简答题

2. （1）第一行 good

（2）第二行 eryV oodg

3.（1）4   （2）1   （3）9

4.（1）6   55

（2）DDEF

　　EDDEF

　　FEDDEF

（3）6   5

（4）11   10   8

5. 第一行输出结果是＿＿11＿＿，第二行输出结果是＿＿-20＿＿。

6. C

7. 完全九九表

习题5.4 设计题

1. 参考程序：

```
Private Sub Command1_Click( )
    For i = 7 To 1000 Step 7
    k = 0
    For m = 1 To 5
      n = m + 1
      If i Mod n < > m Then
        Exit For
      Else
          k = k + 1
        End If
    Next m
    If k = 5 Then
      Print i
        Exit For
    End If
    Next i
End Sub
```

2. 参考程序：

```
Private Sub Form_Click( )
Dim x% , n% , m% , p%
For i = 1 To 100
    x = Int( Rnd * 90 + 10 )
    Print x;
    If i Mod 10 = 0 Then Print
```

```
                If x  < =40 Then
                    n = n +1
                ElseIf x  < =70 Then
                    m = m +1
                Else
                    p = p +1
                End If
        Next i
        Print
        Print "小于等于40 的个数为"; n
        Print "大于40 小于等于70 的个数为"; m
        Print "大于70 的个数为"; p
        End Sub
```

3. 参考程序：
```
Private Sub Form_Click( )
Dim x% , y $ , z $
For i =1 To 20
    x = Int( Rnd ∗ 100 +1)
    If x Mod 2 =1 Then
        y = y & x & "    "
    Else
        z = z & x & "    "
    End If
Next i
Print y
Print z
End Sub
```

4. 参考程序：
```
Private Sub Form_Click( )
Dim a% , b% , c !
    For a =1 To 100
        For b =1 To 100
            If a  < >  b Then
            c = a ^ 2 + b ^ 2
            If Int( SqrC. ) = SqrC. Then
                Print a & "^2" & " +" & b & "^2 =" & c
            End If
            End If
```

```
    Next b
    Next a
End Sub
```
5. 参考答案：
```
    St = y & st
    Loop Until x = 0
```
6. 参考答案：
```
    For i = 1 to 9
    If i < > j then
```

实验 6

数组程序设计

.... ▼

实验目的

1. 掌握的数组定义方法。
2. 掌握静态和动态数组使用。
3. 掌握控件数组的产生方法。
4. 明确控件数组中控件名称的特点。
5. 掌握运用控件数组的编程方法。

70

实验 6.1 —维数组

【实验任务】

编程随机产生 10 个任意的两位正整数，并把它们保存在数组 a（1 To 10）中，要求输出数组中所存放的 10 个数值，如图 6-1 所示。求最大值、最小值、平均值，并也打印在窗体上。

```
提 示
可以根据 Rnd 函数的取值范围来确定如何随机产生两位正整数。
```

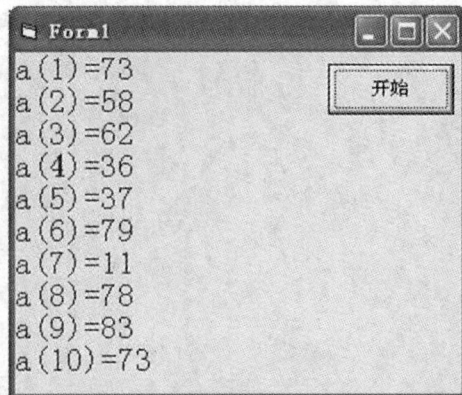

```
Form1                    开始
a(1)=73
a(2)=58
a(3)=62
a(4)=36
a(5)=37
a(6)=79
a(7)=11
a(8)=78
a(9)=83
a(10)=73
```

图 6-1 实验 6.1 的实验结果

实验6.2 二维数组

【实验任务】

编程用 InputBox 函数输入一个二维数组（矩阵），并在窗体上按如图6-2所示的标准格式输出每行中最大的元素。

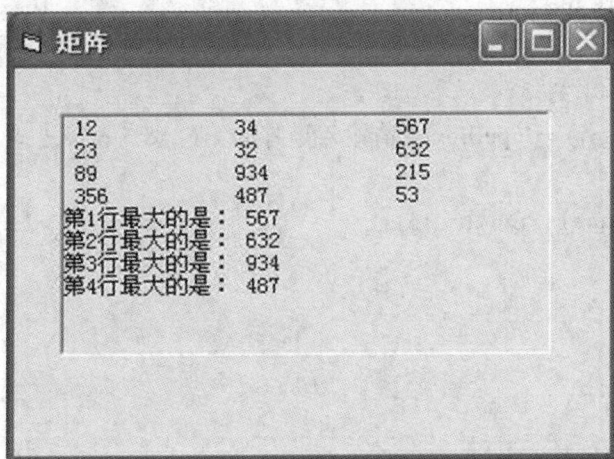

图6-2 二维数组的输出

提示

1. 输入时 InputBox 上的提示信息要表明当前输入的是矩阵中的哪一个元素（动态显示方法），如图6-3所示。

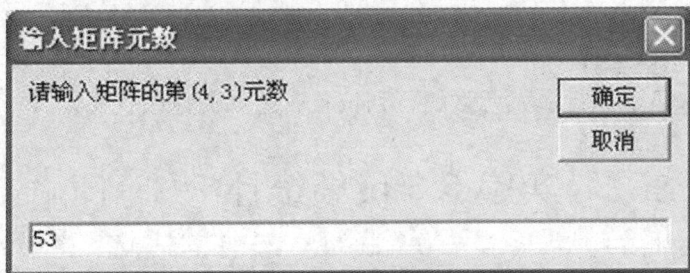

图6-3 输入框

2. 数组输入和输出，一般情况下都要使用两重循环结构。外面一重循环对应于行的变化，里面一重循环对应于列的变化（列的变化比行的变化快）。标准输出方式是在 Picture1. Print 语句的输出项之间用逗号间隔，输出时要产生3行×4列的效果，还应该在两重循环之间添加一个无参数的 Picture1. Print 语句，用来换行。求每行的最大值也需要通过双重循环实现。

【实验步骤】

1. 完善代码

```
Option Explicit
Private Sub Form_Click()
    Dim a(4, 3) As Integer, i As Integer, j As Integer
    Dim max As Integer
    For i = 1 To 4
        For j = 1 To 3
            a(i, j) = InputBox("请输入矩阵的第(" & i & "," & j & ")元数", "输入矩阵元数")
            Picture1.Print a(i, j),
        Next j
        _____
    Next i
    For i = 1 To 4
        _____
        For j = 2 To 3
            If max < a(i, j) Then _____
        Next j
        Picture1.Print "第" & i & "行最大的是:"; max
    Next i
End Sub
```

2. 保存文件，调试运行。

思考: 如果要求显示每行最大元素的行列位置，应如何修改代码?

实验 6.3 成绩统计

【实验任务】

编程随机产生 32 个学生的计算机课程的成绩存放数组 Mark（1 To 32）中，统计各分数段 50~59、60~69、70~79、80~89、90~100 的人数 n 以及求出最高分 max 和最低分 min。结果输出要求:32 名学生的成绩按每行 8 个显示在窗体上，第 5 行显示最高分和最低分，然后输出各个分数段的人数。

> **提示**
>
> 统计各分数段的人数，可以利用数组下标来实现。

实验 6.4 字符数组

【实验任务】

编程随机产生 15 个不重复的英文大写字母，存放在字符数组中并显示出来。

提 示

1. 首先随机产生一个字母。
2. 设定变量 i 从 2~15 进行循环
   随机产生一个字符 C
   依次将第 1 字母直到第 i-1 个字符和 C 进行判断，看是否有重复，
       如果有重复，则重新产生一个 C
       如果没有重复，则将 C 打印出来，
   同理产生第 i+1 个随机字符
3. 可以利用函数 Rnd 和 Chr 使得随机产生数值可转变为字符。

实验 6.5 字符排序

【实验任务】

一系列字符串，按递减次序排列。程序运行界面如图 6-4 字符排序界面所示。

73

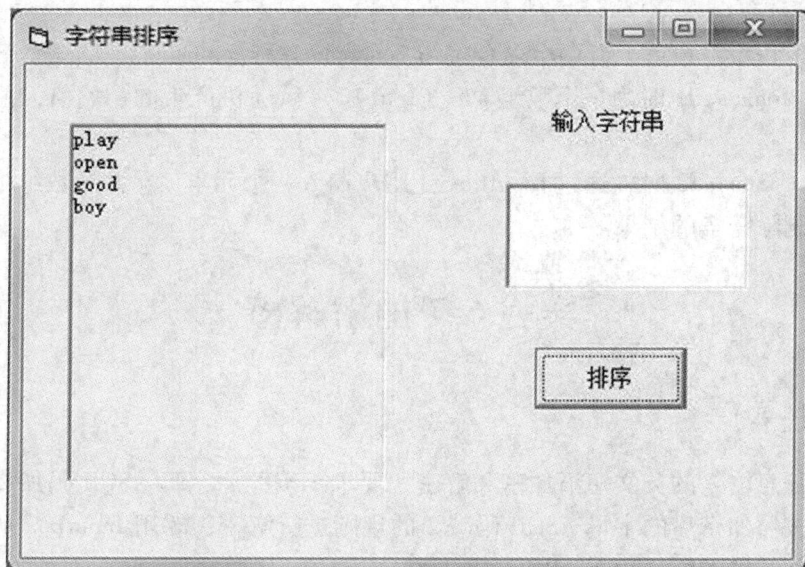

图 6-4 字符排序界面

1．声明窗体体级变量 n（表示放若干个字符串的计数器）、字符串数组。即在通用声明段声明如下：

  Dim　n% ,s(100)As　String

2．每输入一个字符串，按 Enter 键，表示该字符串输入结束，将其存放到数组中。事件如下：

  Private Sub Textl_KeyPress(KeyAscii As Integer)

    If KeyAscii = 13 Then

      n = n + 1

S(n) = Textl '将在文本框输入的字符串存放到字符数组中

    End lf

  End Sub

3．当单击"排序"按钮时，进行递减次序的排列，并在图形框显示。

> **提　示**
>
> 1．首先对字符型数组 S( )进行排序
>
> 字符型数组排序时和整型数组排序一样，直接进行 if S(j) < S(min) then 这样的判断就可以了，不用逐字符进行判断。
>
> 2．将数组 S( )在 Picture1 内逐个进行打印。

实验 6.6 删除元素

【实验任务】

编写一个程序，窗体上有两个命令按钮 command1 和 command2。

1. 单击 Command1 时为一个数组 a%（1 to 10）赋随机产生的初始值，范围为 1 到 100，并打印。

2. 单击 Command2 时，通过 InputBox 让用户输入一个元素值，并从数组中删除该元素。并打印删除完毕的结果。

实验 6.7 加密解密

【实验任务】

编程对任意输入的英文短语加密和解密。要求①按照原字母 ASCII 码加 2 的规则进行加密；②按照加密后的字母 ASCII 码减 2 的规则进行解密；③用 InputBox 从键盘输入短语；加密和解密的结果用 MsgBox 输出。

【实验步骤】

1. 在窗体上摆放一个命令按钮，并对其设置相关属性（见属性设置表），用复制、粘贴的方法产生另外两个命令按钮。形成控件数组，如图 6－5 所示。

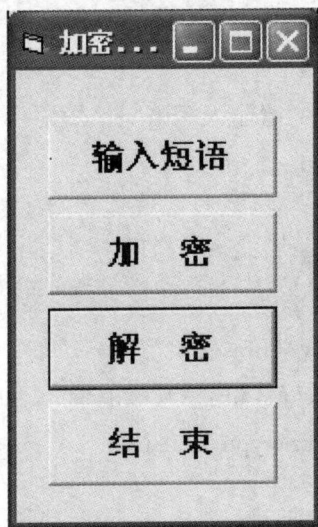

图 6－5 加密解密窗体界面

2. 属性设置

控 件	属 性	设 置 值
窗体 1	Caption	加密解密
命令按钮 1（0）	Name	cmdOperate
	Caption	输入短语
	Font	小四、粗体
命令按钮 1（1）	Name	cmdOperate
	Caption	加密
	Font	小四、粗体
命令按钮 1（2）	Name	cmdOperate
	Caption	解密
	Font	小四、粗体
命令按钮 1（3）	Name	cmdOperate
	Caption	退出
	Font	小四、粗体

3. 添加代码

```
Option Explicit
Dim sPhrase As String, sEncrypted As String          '说明共用变量
Dim iLen As Integer
Private Sub cmdOperate_Click(Index As Integer)
'其中 Index 参数是命令按钮下标,系统会自动产生。
    Dim sCurrent As String, sNew As String
    Dim sDecrypted As String
    Dim x As Integer
    If Index = 0 Then
        sPhrase = InputBox("请输入短语", "短语将被加密")
        iLen = Len(sPhrase)                           '计算长度
    ElseIf Index = 1 Then
        sEncrypted = ""                               '变量初始化
        For x = 1 To iLen                             '加密
            sCurrent = Mid(sPhrase, x, 1)
            sNew = Chr(Asc(sCurrent) + 2)
            sEncrypted = sEncrypted & sNew
        Next x
        MsgBox sEncrypted, vbExclamation, "加密的短语"   '输出加密结果
    ElseIf Index = 2 Then
        For x = 1 To iLen
            sCurrent = Mid(sEncrypted, x, 1)
            sNew = Chr(Asc(sCurrent) - 2)             '解密
            sDecrypted = sDecrypted & sNew
        Next x
        MsgBox sDecrypted, vbExclamation, "解密的短语"    '输出解密结果
    Else
        Unload Me
    End If
End Sub
```

4. 保存文件，调试运行，结果如图6-6所示。

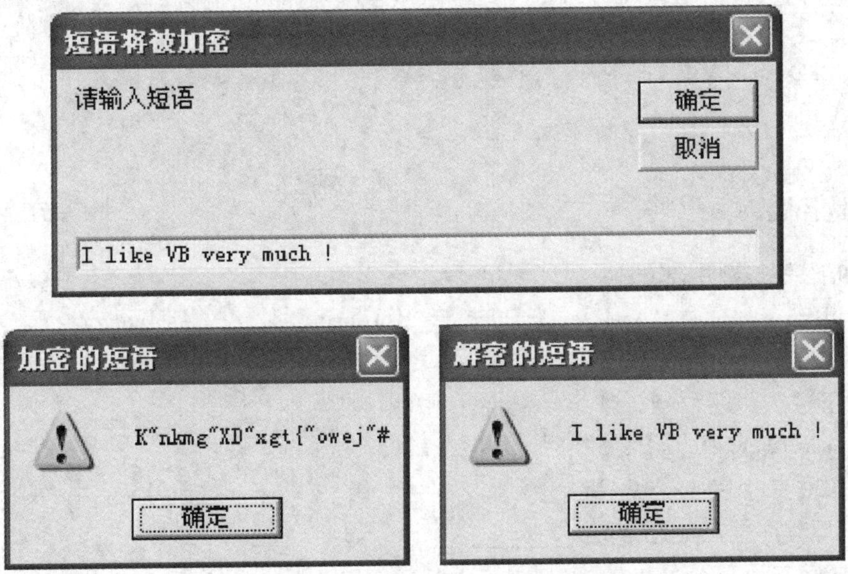

图6-6　输入、加密、解密对话框

思考： 若要使 YZ 和 yz 加密变为 AB 和 ab，即最后两个字母加密变成前两个字母而不是其他的符号，解密与此反之即可。该怎样修改程序？

习 题 6

习题 6.1 选择题

1. 如下数组声明语句，_____正确。
   A. Dim a [3，4] As Integer   B. Dim a (3，4) As Integer
   C. Dim a (n，n) As Integer   D. Dim a (3 4) As Integer

2. 如下数组声明语句，数组 a 包含元素的个数为_____。
   Dim a (3，-2 to 2，5)
   A. 120   B. 75   C. 60   D. 13

3. 以下程序输出的结果是_____。
   Dim a
   a = Array(1,2,3,4,5,6,7)
   For i = Lbound(a) To Ubound(a)
   　　a(i) = a(i) * a(i)
   Next i
   Print a(i)
   A. 49   B. 0   C. 不确定   D. 程序出错

4. 以下程序输出的结果是_____。
   Option Base 1
   Private Sub Command1_Click()
   　Dim a%(3,3)
   　For i = 1 To 3
   　For j = 1 To 3
   　　If i > 1 And j > 1 Then
   　　　a(i,j) = a(a(i-1,j-1),a(i,j-1)) + 1
   　　Else
   　　　a(i,j) = i * j
   　　End If
   　　Print a(i,j);" ";
   　　Next j
   　Print
   　Next i
   End Sub

A. 1 2 3 B. 1 2 3 C. 1 2 3 D. 1 1 1
2 3 1 　　　 1 2 3 　　　 2 4 6 　　　 2 2 2
3 2 3 　　　 1 2 3 　　　 3 6 9 　　　 3 3 3

5. 以下程序输出的结果是_____。

```
Option Base 1
Private Sub Command1_Click( )
  Dim a, B(3, 3)
  a = Array(1, 2, 3, 4, 5, 6, 7, 8, 9)
  For i = 1 To 3
    For j = 1 To 3
    B(i, j) = a(i * j)
    If (j > =i) Then Print Tab(j * 3); Format(B(i, j), "# # #");
    Next j
    Print
  Next i
End Sub
```

A. 1 2 3 B. 1 C. 1 4 7 D. 1 2 3
4 5 6 　　　 4 5 　　　 2 4 6 　　　　 4 6
7 8 9 　 7 8 9 　　　 3 6 9 　　　　　 9

6. 下列关于数组的叙述中，错误的是_____。
   A. 数组的维界可以是负数。
   B. 数组是同类变量的一个有序的集合
   C. 数组元素可以是控件
   D. 数组在使用之前，必须先用数组说明语句进行说明

7. 某过程的说明语句中，_____是正确的数组说明语句。

   Const N As Integer = 4
   Const K As Integer = 3
   Dim L As Integer
   ①Dim X(L) As Integer
   ②Dim A(K) As Integer
   ③Dim B(N) As Integer
   ④Dim Y(2000 to 2008) As Integer②
   A. ①②④　　　 B. ①③④　　　 C. ②③④　　　 D. ①②③

8. 下列有关数组叙述不正确的是_____。
   A. 两维数组在内存中的存放次序是按列优先原则存放
   B. 三维数组在内存中的存放次序是按列优先原则存放
   C. 没有特殊声明时，Dim A (8) As integer，A 数组可以存放 9 个元素
   D. Option Base 1 语句不可以放在过程中。

79

9. 下列有关数组叙述不正确的是_____。

 A. 用 ReDim 不能定义新数组

 B. 使用 Preserve 参数后，就只能改变动态数组的最后一维的大小

 C. 动态数组重新说明时不能改变类型

 D. 可以将一维动态数组用 ReDim 语句说明成二维数组

10. 在 Visual Basic 中，以下声明_____是错误的？

 A. 控件数组中的控件可以在运行时用代码生成

 B. 控件数组中的控件响应同一个事件

 C. 控件数组中的控件都有相同的名字

 D. 同一控件数组中的控件可以是不同类型的控件

习题 6.2 判断题

1. Erase 能够释放所有类型数组所占用的空间。

2. Dim X（3.6+2）As Integer 定义了一个维上界是 6 的整形数组。

3. Array 函数只能把一个数据集赋值给 Variant 变量。

4. 数组元素下标超过维界时，VB 会给出"下标越界"出错提示。

5. 用复制的方法建立控件数组，可以将第一对象的所有属性复制到其他控件中。

习题 6.3 填空题

1. 随机产生 6 位学生的分数（分数范围 1 – 100），存放在数组 a 中，以每 2 分一个 "＊" 显示，如图 6 – 7 界面所示。

```
Private Sub Commandl_Click(   )
   Dim a(1 To 6)
   For i = 1 To 6
     a(i) = _____
     Print _____
   Next i
End Sub
```

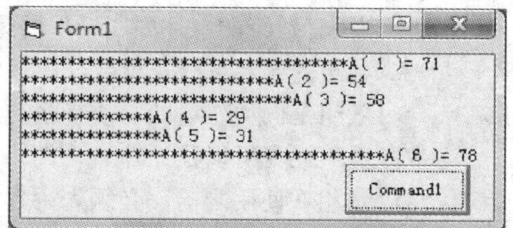

图 6 – 7 程序运行界面

2. 下面的程序是将输入的一个数插入到按递减的有序数列中，插入后使该序列仍有序。

```
Private Sub Form_Click(   )
   Dim a,i% ,n% ,m%
   a = Array(19,17,15,13,11,9,7,5,3,1)
   n = UboundA.
   ReDim _____
   m = Val(InputBox("输入欲插入的数"))
   For i = UboundA.  – 1 To 0 Step – 1
```

```
    If m > = a(i) Then
        _____
        If i = 0 Then a(i) = m
    Else
        _____
        Exit For
    End If
    Next i
    For i = 0 To UboundA.
        Print a(i)
    Next i
End Sub
```

3. 冒泡法排序

在配套教材中已介绍选择法、冒泡法、合并法排序，上例使用插入法排序。

冒泡法排序与选择法排序相似，选择法排序在每一轮排序时找最大（递减次序）数的下标，出了内循环（一轮排序结束），再交换最大数的位置；而冒泡法排序在每一轮排序时将相邻的数做比较，当次序不对就交换位置，出了内循环，最大数已冒出。

冒泡法递增顺序的程序如下：

```
Private Sub Form_Click(    )
    Dim a,n% ,j% ,i% ,t
    a = Array(19,5,15,7,11,9,23,6,3,1)
    n = UboundA.
    For i = 0 To n - 1
        For j = 0 To n - i - 1
        If a(j) > a(j + 1) Then
        _____:_____:a(j + 1) = t
        End If
        Next j
    Next i
    For i = 0 To UboundA.
        Print a(i)
        Next i
End Sub
```

为了提高效率，若在某一轮排序时，未发生位置交换，说明欲排序的序列已有序，排序就可结束。只要在程序中增加一个逻辑变量来进行判断。程序如下：

```
Private Sub Form_Click(    )
    Dim a、n% ,m% ,i% ,Tag As Boolean
    a = Array(1,5,6,7,4,13,23,26,31,51)
```

```
n = UboundA.
For i = 0 To n − 1
  Tag = False
  For j = 0 To n − 1 − i
    If a(j) > a(j + 1) Then
      _____
      _____:_____:a(j + 1) = t
    End If
  Next j
  If _____
Next i
For i = 0 To UboundA.
  Print a(i)
Next i
End Sub
```

4. 下面程序,随机产生 n 个 −10 ~ 10 无序的随机数,存放到数组中,并显示结果;将数组中相同的那些数删得只剩一个,并输出经过删除后的数组元素,见图 6 − 8 产生随机数运行结果。

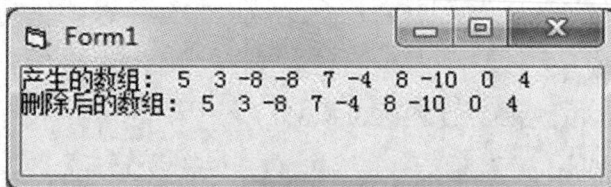

图 6 − 8　产生随机数运行结果

```
Option Base 1
Private Sub Form_Click(   )
Dim i% ,j% ,n% ,m% ,a%(   ),r!
n = InputBox("输入数组大小")
ReDim a(1 To n)
Print"产生的数组:";
For i = 1 To n
  r = Rnd
  If r > 0. 5 Then m = 1 Else m = − 1
  a(i) = _____
  Print a(i) ;
Next i
m = 1
Do While m < = n
```

82

```
    i = _____
    Do While i < = n
        If a(i) = a(m) Then
            For j = _____
                a(j) = a(j + 1)
            Next j
            _____
        Else
            i = i + 1
        End If
    Loop
    m = m + 1
Loop
ReDim _____
Print
Print" 删除后的数组:";
For i = 1 To UBoundA.
    Print a(i);
Next i
End Sub
```

习题 6.4 设计题

1. 随机生成 15 个 100 以内的正整数并显示在一个文本框中, 再将所有对称位置的两个数据对调后显示在另一个文本框中 (第 1 个数与第 15 个数对调, 第 2 个数与第 14 个数对调, 第 3 个数与第 13 个数对调⋯⋯)。

2. 随进产生 20 个两位正整数, 编写程序将其存入数组中并统计其中有多少个不相同的数。

3. 编写一个求由一位随机整数构成的 5×5 数组每一行与每一列之和。

4. 随机产生 25 个数, 删除其中的重复数, 使得数列只保留不同的数。

5. 设计校园点心部应用程序。其中馒头 0.5 元/个, 包子 0.8 元/个, 饺子 3.5 元/碗。

要求:

(1) 界面参考图 6-9。单选按钮组成控件数组。

(2) 单价随食品种类变化。

(3) 食品种类转换时, 自动清空三个文本框, 且光标在数量文本框闪烁。

(4) 折扣不输入, 也能计算出金额。

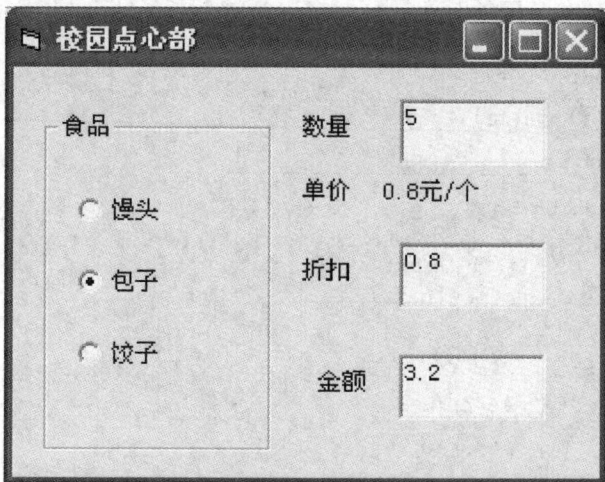

图6－9 参考界面

6. 用随机数产生5行6列的矩阵，其值为1~100之间的分数，表示5位学生期末6门课程的成绩。再利用ReDim Preserve重新定义5行7列的矩阵，增加的最右列存放每位学生的最高分数；再定义6个元素的一维数组，存放每门课程的平均分数。计算并按图6－10学生成绩矩阵运行界面形式显示。

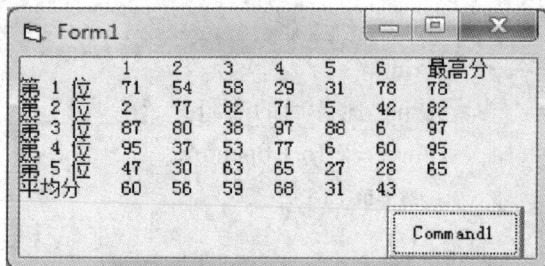

图6－10 学生成绩矩阵运行界面

例如，求每位学生的最高分程序段如下：

```
For i = 0 To 4
  maxl = a(i,0)
  For j = 1 To 5
    If a(i,j) > maxl Then maxl = a(i,j)
  Next j
  a(i,6) = maxl
Next i
```

求每门课程的平均分程序段如下：

```
1  For j = 0 To 5
2    aver = 0
3    For i = 0 To 4
4      aver = aver + a(i,j)
5    Next i
6    b(j) = aver/5
7  Next j
```

思考：若把第 2 句的 aver = 0 移动到外循环语句即 1 句的前面，是否影响程序的运行？是否影响程序的正确性？这和前面讲过累加时要在循环体外对求和清零矛盾否？

习题 6 参考答案

习题 6.1 选择题

1. B 2. C 3. D 4. A 5. D 6. C 7. C 8. D 9. D 10. D

习题 6.2 判断题

1. 错误 2. 正确 3. 正确 4. 正确 5. 正确

习题 6.3 填空题

1. Int（Rnd * 100 + 1）   产生 1 ~ 100 的随机分数。

   string（a（i）\ 2," * ")；" A（"；i；"）="；a（i）

2. Preserve a（n + 1）   插入一个数，先要使数组加一个元素，而且要保留原数据。

   a（i + 1）= a（i）   找插入的位置。

   a（i + 1）= m   新数据找到插入位置，插入到数组中。

3. t = a（j）

   a（j）= a（j + 1）

   Tag = True

   t = a（j）

   a（j）= a（j + 1）

   Not Tag Then Exit For

4. m * int（Rnd * 11）

   m + 1   '从下一个元素开始比较是否有相同元素值

   i To n − 1

   n = n − 1

   Preserve a（1 To n）

习题 6.4 设计题

6. 参考程序

```
Dim a%( )
Dim b%( 1 To 6 )
Private Sub Command1_Click( )
    Dim max% , aver%
    ReDim a( 1 To 5 , 1 To 6 ) As Integer
```

85

```
For i = 1 To 5
   For j = 1 To 6
   a(i, j) = Int(Rnd * 100 + 1)
   Next j, i
   ReDim Preserve a(1 To 5, 1 To 7)
   '打印第一行行标题
   For i = 1 To 6
       Print Tab(5 + i * 5); i;
   Next i
   Print Tab(5 + i * 5); "最高分"
'打印具体行内容
   For i = 1 To 5
     max = a(i, 1)
     Print "第 " & i & " 位";
     For j = 1 To 6
       If a(i, j) > max Then max = a(i, j)
       Print Tab(5 + j * 5); a(i, j);
     Next j
     a(i, 7) = max
     Print Tab(5 + j * 5); a(i, 7)
   Next i
   Print "平均分";
   For j = 1 To 6                    '求平均分
     aver = 0
     For i = 1 To 5
         aver = aver + a(i, j)
     Next i
     b(j) = aver / 5
     Print Tab(5 + j * 5); b(j);
   Next j
End Sub
```

过程程序设计

实验目的

1. 掌握通用过程的定义和调用。
2. 掌握函数过程的定义和调用。
3. 掌握通用过程的递归调用。
4. 掌握实参和形参按值传递和按地址传递的不同用法，明确不同实参数据类型具有的不同传递形式。
5. 明确过程级、窗体级和模块级变量的作用域和特点，能够根据具体情况使用全局和局部变量。
6. 掌握 Sub 过程调用时的两种格式，语句格式和命令格式。

实验 7.1 闰年判断

【实验任务】

编写函数 LeapYear（n%）As Boolean 用于判断给定的年份是否为闰年。主调过程已给出，要求通过调用函数给出正确判断结果。要求通过以下四个年份（2000、2004、2013、2100）进行判断。运行结果如图 7-1 所示。

给出的主调过程：

```
Option Explicit
Private Sub Command1_Click( )
    Dim y%
    y = Text1. Text
    If LeapYear(y) Then
        Text2. Text = y & "年是一个闰年。"
```

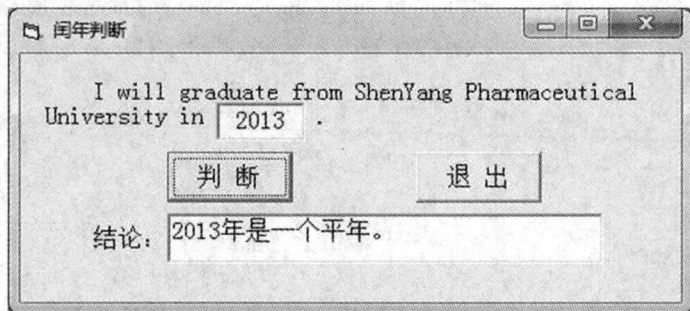

图 7 - 1 闰年判断

```
        Else
            Text2. Text = y & "年是一个平年。"
        End If
End Sub
Private Sub Command2_Click( )
        End
End Sub
```

实验 7.2 幸运数判断

【实验任务】

编写函数 LuckyNumber（n%）As Boolean 用于判断给定的整数是否为幸运数。幸运数是一个四位的正整数，而且前两位数（百位与千位）的和与后两位数（个位与十位）的和相等。

主调过程已经给出。其功能是通过调用函数，找出所有的幸运数，并在列表框中显示出来，幸运数的总个数在文本框 Text1 中显示。运行结果如图 7 -2 所示。

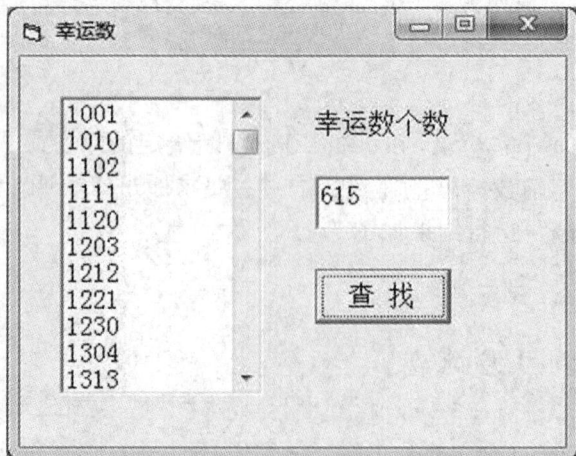

图 7 - 2 幸运数判断

给出的主调过程：
```
Private Sub Command1_Click( )
    Dim i%, counter%
    For i = 1000 To 9999
        If LuckyNumber(i) Then
            List1. AddItem i
            counter = counter + 1
        End If
    Next i
    Text1. Text = counter
End Sub
Private Sub Command2_Click( )
    End
End Sub
```

实验7.3 替换子字符串

【实验任务】

编写子过程 ReplaceStr（s1 $, s2 $, s3 $），将字符串 s1 中所有的 s2 子字符串替换为字符串 s3，结果还存放在 s1 中。

例如：s1 = "123abc123abc",s2 = "23",s3 = "two",结果:s1 = "1twoabc1twoabc"

s1 = "123abc123abc",s2 = "ab",s3 = "about",结果:s1 = "123aboutc123aboutc"

要求：

1. 先通过第一组给出的字符串进行测试。然后通过属性窗口将三个文本框的 text 属性分别设置为"123abc123abc"、"ab"和"about"，而后再次测试程序。

2. 运行结果如图 7-3 所示。

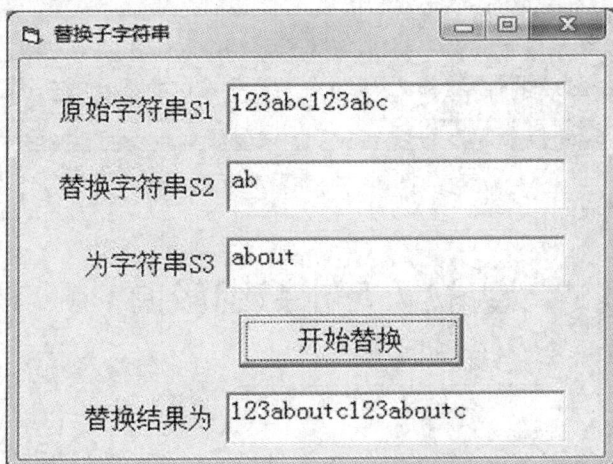

图 7-3 替换子字符串

> **提示**
>
> 1. 在字符串 s1 中找子字符串 s2 可利用 InStr( ) 函数，要考虑到 s1 中可能存在多个或不存在 s2 子字符串的情况，用 Do 循环结构来实现。
>
> 2. 若在 s1 中找到 s2 子字符串，则通过 Left( )、Mid( ) 函数分别获得 s2 子串的左侧和右侧部分内容，然后再返回判断现在的 s1 内是否还包含 s2。
>
> 3. 注意不要陷入死循环——将 s1 中的 ab 替换为 about 后，又将 about 中的 ab 替换为 about，……。

实验 7.4 素数判断

【实验任务】

编写函数 IsPrime（a As Integer）As Boolean 用于判断给定整数是否为素数。要求：

单击 Command1，通过调用函数 IsPrime( )，找出 100～200 间的所有素数，并在窗体上显示（每行打印 10 个数）。

单击 Command2，通过调用函数 IsPrime( )，找出 1000 以内（含 1000）的最大的五个素数。并在窗体上显示。

运行结果如图 7-4 所示。

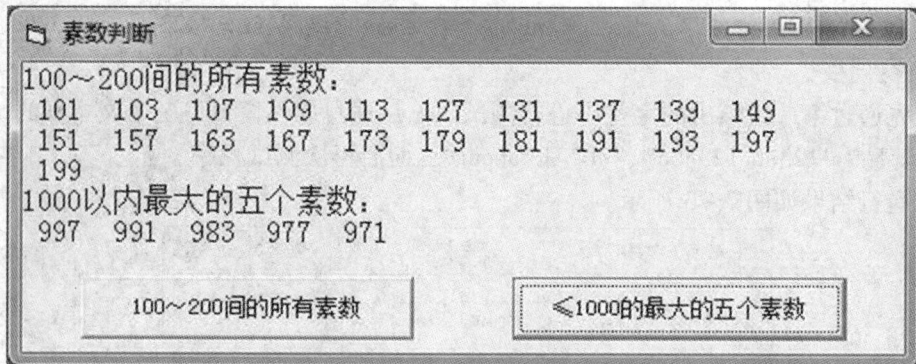

图 7-4 素数判断

实验 7.5 求数组极值

【实验任务】

分别编写子过程 Min(a( ) As Integer, b As Integer) 和函数过程 Max(a( ) As Integer) As Integer，子过程的第二个参数用于返回给定一维数组中最小值元素的下标，函数过程用于返回给定一维数组中最大值元素的下标。要求：

1. 在主调过程中定义两个数组 x% （-5 to 5）和 y% （5 to 15）。

2. 数组元素的值是随机产生的两位正整数，并在窗体上显示元素值。

3. 通过调用子过程和函数过程，分别找出这两个数组的最小值和最大值元素，并在窗体上显示其下标和具体元素值。

运行结果如图 7-5 所示。

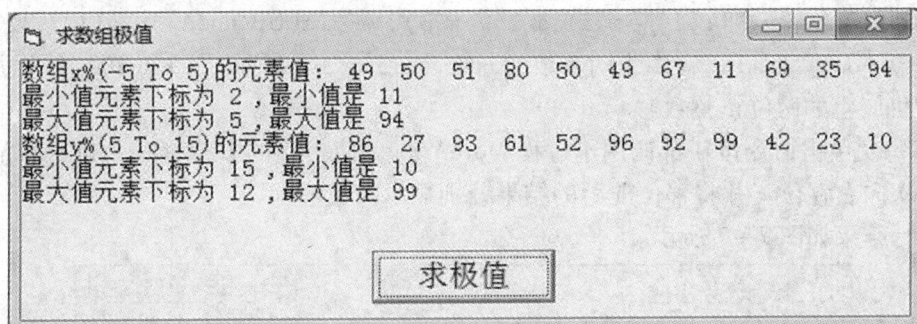

图 7-5 求数组极值

实验 7.6 数组逆序

【实验任务】

编写子过程 Reverse(a( ) as Integer)，用于将给定数组的首尾元素进行对调。要求：

1. 在主调过程中定义两个数组 m% （-3 to 3）和 n% （5 to 10）。

2. 数组元素的值是随机产生的两位正整数，并在窗体上显示元素值。

3. 通过调用子过程分别对两个数组的元素进行逆序输出。

运行结果如图 7-6 所示。

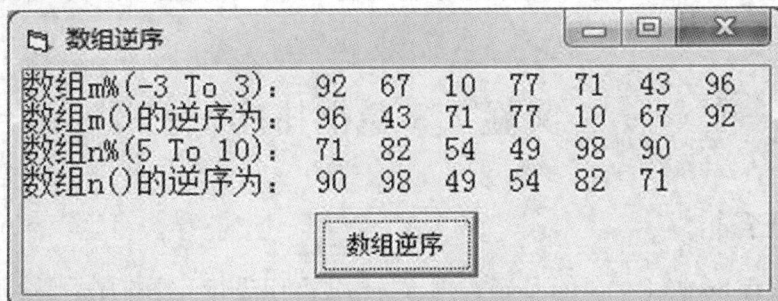

图 7-6 数组逆序

91

实验7.7 数组元素移位

【实验任务】

编写子过程 MoveArray(a( ) as Integer)，用于将给定数组中的元素依次顺指钅方向向后移动一个位置。即 a(1)→a(2),a(2)→a(3),……,a(UBoundA.)→a(1)。要求：

1. 在 Form_ Load 过程中为两个数组 m% （ −3 to 3） 和 n% （5 to 10） 的元素赋初值 （随机产生的两位正整数）。

2. 每次单击命令按钮都调用子过程 MoveArray，使相应的数组都在上次移位后的基础上再次向右移位。并将移位前后的结果分别显示在窗体上。

运行结果如图 7−7 所示。

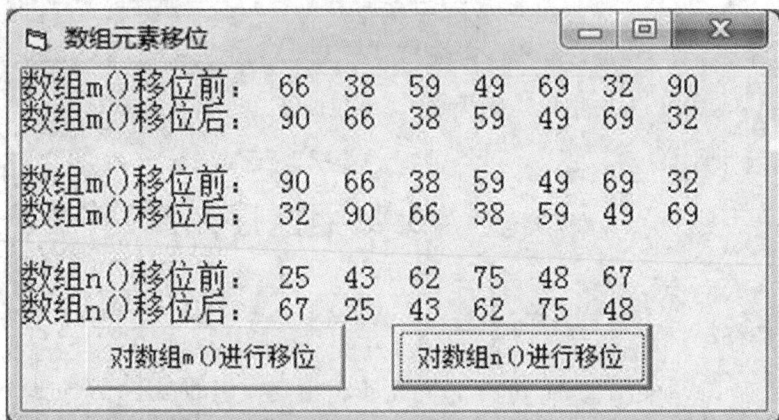

图 7−7 数组元素移位

思考：如何编写过程 MoveArray(a( ) as Integer, n as Integer)实现将数组 a 的元素向后一次性移动 n 个位置，其中 n 为任意正整数 （可能大于数组 a 中的元素个数）。编写成功后，以 7−7−2 命名上交。

实验7.8 数组排序

【实验任务】

编写子过程 Sort(a( ) as Integer)，用于将给定数组进行升序排序。要求：

1. 在 Form_ Load 过程中为两个数组 m% （ −3 to 3） 和 n% （5 to 10） 的元素赋初值 （随机产生的两位正整数）。

2. 单击相应命令按钮调用子过程 Sort 对数组 m( )和 n( )排序，并显示排序结果。

运行结果如图 7-8 所示。

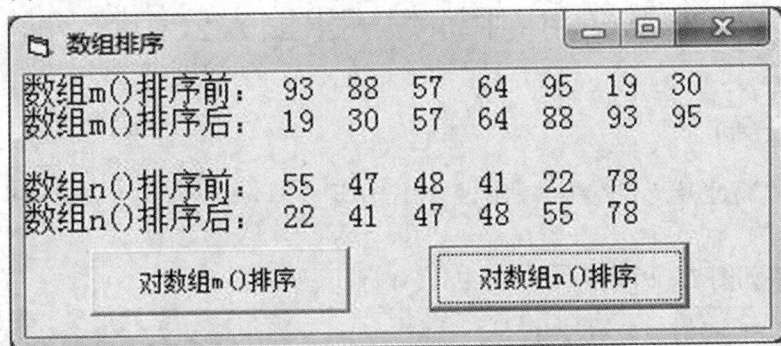

图 7-8　数组排序

实验 7.9　用递归法求组合数

【实验任务】

利用递归法编写函数过程 $C\%$（$m\%$，$n\%$）求组合数 C_m^n 的值。已知：

C_m^n 的递归公式为：$C_m^n = C_{m-1}^n + C_{m-1}^{n-1}$

递归条件为：
$$\begin{cases} C_m^0 = 1, & n = 0 \text{ 时} \\ C_m^1 = m, & n = 1 \text{ 时} \\ C_m^n = C_m^{m-n}, & n > \dfrac{m}{2} \text{ 时} \end{cases}$$

要求：通过属性窗口设置 m 和 n 的初始值分别为 5 和 2，如图 7-9 所示。

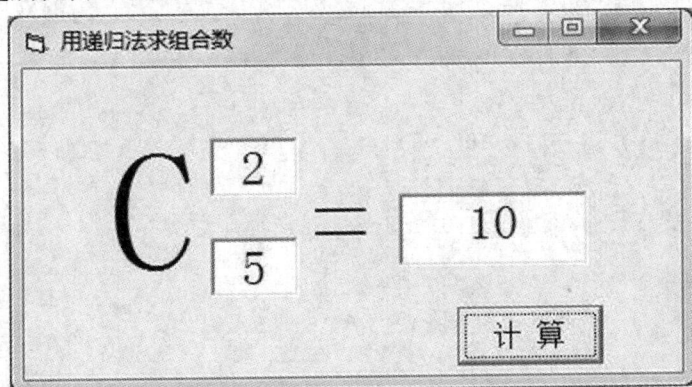

图 7-9　用递归法求组合数

实验 7.10 用递归法求最大公约数

【实验任务】

利用递归通过辗转相除法编写函数过程 GCD%（m%，n%），求 m 和 n 的最大公约数。

运行结果如图 7-10 所示。

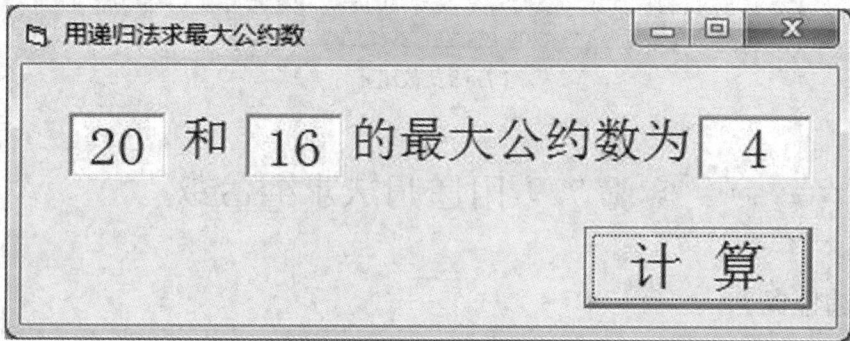

图 7-10　用递归法求最大公约数

习 题 7

习题 7.1 选择题

1. VB 中使用的过程不包括以下_____。

   A. 子程序过程　　B. 调用过程　　C. 函数过程　　D. 属性过程

2. 中途退出子过程的执行，应该使用的语句是_____。

   A. Exit Property　B. Exit Function　C. End　　D. Exit Sub

3. 在过程定义中用_____表示形参为传值形式，缺省为_____。

   A. Var ByRef　　B. ByRef ByVal　　C. ByVal ByRef　　D. ByVal ByVal

4. 以下哪个为定义静态变量的关键字_____。

   A. Dim　　　B. Public　　　C. Static　　　D. Const

5. 在编写过程时，如果形参为数组名，则参数的传递形式应该是_____。

   A. 传值　　　B. 传址　　　C. 二者均可　　　D. 以上均不对

6. 编写过程 Fun 的代码时，如果想知道数组参数的下界，使用_____函数。

   A. UCase　　　B. Bound　　　C. LBound　　　D. UBound

7. 在过程中定义的变量，若希望在离开该过程后，还能保存过程中局部变量的值，则应使用_____关键字在过程中定义局部变量。

   A. Dim　　　B. Private　　　C. Public　　　D. Static

8. 下面子过程语句说明合法的是_____。

   A. Sub ff（ByVal n%（））　　　　B. Sub ff（n%）As Integer

   C. Function ff%（ff%）　　　　　D. Function ff（ByVal n%）

9. 要想从子过程调用后返回两个结果，下面子过程语句说明合法的是_____。

   A. Sub f1（ByVal n%，ByVal m%）　B. Sub f1（n%，ByVal m%）

   C. Sub f1（n%，m%）　　　　　　　D. Sub f1（ByVal n%，m%）

10. 程序运行后，单击该命令按钮三次，屏幕上显示的值是_____：

```
Private Sub Command1_Click( )
Dim a As Integer
   Static b As Integer
      a = a + b
      b = b + 4
      Cls
      Print a , b
End Sub
```

   A. 4 12　　　　B. 0 4　　　　C. 4 8　　　　D. 8 12

11. 声明全局变量的位置是_____。
    A. 事件过程   B. 函数过程
    C. 标准模块通用声明段   D. 子过程中

12. 实参出现的位置是_____。
    A. 模块的通用声明段   B. 过程的开始语句
    C. 过程的调用语句   D. 过程的结束语句

13. 下述实参中，可以进行按地址传递的是_____。
    A. x + 1   B. Int（x）   C. x   D. "x"

14. 局部变量也称作过程变量，其特点是_____。
    A. 可以被模块中的任何过程使用
    B. 可以在被其所在过程中调用的子过程中使用
    C. 只能在建立它的过程中使用
    D. 静态变量不是局部变量

15. 如果主程序与子程序中分别显式声明的局部变量名称相同，则说明_____。
    A. 二者使用了相同的内存地址单元
    B. 二者使用了不同的内存地址单元
    C. 子程序运行时，主程序中的同名变量会被修改
    D. 子程序运行时，主程序中的同名变量会被释放

16. 以下关于函数过程的叙述中，正确的是_____。
    A. 如果不指明函数过程参数的类型，则该参数没有数据类型
    B. 函数过程的返回值可以有多个
    C. 当数组作为函数过程的参数时，既能以传值方式传递，也能以引用方式传递
    D. 函数过程形参的类型与函数返回值的类型没有关系

17. Sub 过程与 Function 过程最根本的区别是_____。
    A. Sub 过程的过程不能返回值，而 Function 过程能返回值
    B. Function 过程可以有形参，Sub 过程不可以
    C. Sub 过程可以使用 Call 语句直接使用过程名调用，而 Function 过程不可以
    D. 两种过程参数的传递方式不同

18. 有如下程序：

```
Private Sub Command1_Click（ ）
Dim a As Single
Dim b As Single
    a = 5
    b = 4
    Call S（a，b）
End Sub
Sub S（x As Single，y As Single）
    t = x
```

```
        x = t \ y
        y = t Mod y
End Sub
```

在调试运行上述程序后，a 和 b 的值分别为_____。

A. 0 0   B. 1 1   C. 2 2   D. 1 2

习题 7.2 填空题

1. 如下程序，运行的结果是_____。

```
Function PFH(x%, y%) As Integer '返回两个数的平方和
x = x ^ 2
    y = y ^ 2
    PFH = x + y
End Function
Private Sub Form_Click()
Dim a%, b%, c%
    a = 2
    b = 3
    Print "a = "; a; "b = "; b
    c = PFH(a, b) + a + b
    Print "a = "; a; "b = "; b
    Print "c = "; c
End Sub
```

2. 如下程序，运行的结果是_____。

```
Public Function f(ByVal n%, ByVal r%)
If n < > 0 Then
        f = f(n \ r, r)
        Print n Mod r;
    End If
End Function
Private Sub Command1_Click()
Print f(100, 8)
End Sub
```

3. 如下程序，运行的结果是_____。

```
Public Function f(m%, n%)
Do While m < > n
    Do While m > n: m = m - n: Loop
    Do While n > m: n = n - m: Loop
    Loop
```

```
        f = m
End Function
Private Sub Command1_Click( )
Print f(24, 18)
End Sub
```

4. 下列函数过程计算数组元素的平均值。

```
Private Function aver! （a( ) As Integer)
Dim i As Integer, sum As Long
    For i = LBoundA. To UBoundA.
        sum = sum + a(i)
    Next i
    _____ = sum/( UBoundA. - LBoundA. +1)
End Function
```

5. 过程调用时，经常会利用参数进行信息的传递，如果形参为传值形式，需要在定义形参时在其前面加上关键字_____，如果是传址使用关键字（   ），调用子过程时使用关键字_____。

6. 编写一个子过程 DeleStr（s1 $, s2 $），将字符串 s1 中出现的 s2 子字符串删去，结果存放在 s1 中。主调程序通过本文本框输入字符串数据并调用，如图 7 - 11 所示。

图 7 - 11   删除子字符串

```
Private Sub Command1_Click( )
Dim ss1 As String
    ss1 = _____
    Call DeleStr( ss1, Text2. Text)
    Text3 = ss1
End Sub
Private Sub DeleStr( s1 As String, ByVal s2 As String)
Dim i%
    i = _____
    ls2 = Len( s2)
```

```
        Do While i > 0
            s1 = Left(s1, i - 1) + _____
            i = _____
        Loop
    End Sub
```

习题 7.3 改错题

1. 函数过程的功能是将给定的整数 m 转换为 n 进制；主调过程的功能是调用函数过程并显示结果。

```
Private Sub Command1_Click()
Dim x%, y%
    x = Text1
    y = Text2
    Text3 = Convert(x, y)
End Sub
Function Convert $ (m%, n%)    '将整数 m 转换为 n 进制
Dim r $    '由 m mod n 得到的余数(当 r > 9 时转换为字母,所以定义为字符型)
    If m = 0 Then    '0 转换为任意进制还是 0
        Convert = "0"
    Else
        Do Until m = 0
            r = m \ n
            If r > 9 Then    'r > 9 时,10 用 A、11 用 B、……依次代替
                r = Chr(65 + (r - 9) - 1)
            End If
            Convert = Convert & r
            m = r
        Loop
    End If
End Function
```

改正 1：_____

改正 2：_____

改正 3：_____

2. 函数过程的功能是求给定整型数组的最大值；主调过程的功能是为数组赋值（随机的两位正整数），并调用函数。

```
Private Sub Command1_Click()
Dim a(1 To 10), Zuidazhi As Integer
    For i = 1 To 10
```

```
        a(i) = Int(Rnd * 90 + 10)
          Print a(i);
      Next i
      Print
      Call Max(a())
          Print "最大值为:" & Zuidazhi
End Sub
Function Max(x() As Integer) As Integer
Max = x(LBound(x))
      For i = LBound(x) + 1 To UBound(x)
          If x(i) > x(Max) Then
                Max = x(i)
          End If
      Next i
End Function
```

改正 1: _____

改正 2: _____

改正 3: _____

3. 子过程的功能是对任意给定的整型数组进行升序排序；主调过程产生数组并调用。

```
Private Sub Command1_Click()
    Dim a%(1 To 10)
    For i = 1 To 10
        a(i) = Int(Rnd * 900 + 100)
    Next i
    Call PaiXu
    For i = 1 To 10
        Print a(i);
    Next i
    Print
End Sub
    Sub PaiXu(x() As Integer)
    Dim i%, j%, Min%, t%
    For i = LBound(x) To UBound(x) - 1
        Min = LBound(x)
        For j = i + 1 To UBound(x)
            If x(j) < Min Then
                Min = j
```

```
                End If
            Next j
            t = x(i): x(i) = x(Min): x(Min) = t
        Next i
End Sub
```

改正1：_____

改正2：_____

改正3：_____

4. 随机产生20个2位正整数，存放于数组中并排序。

```
Private Sub Command1_Click( )
    Dim x(20) As Integer
        Dim i As Integer, j As Integer
        For i = 1 To 20
            x(i) = Int(Rnd * 90) + 10
            Print x(i);
        Next i
        Print
        sort (x)
        For i = 1 To 20
            Print x(i);
        Next i
End Sub
Sub sort(a( ) As Integer)
    Dim i As Integer, j As Integer
        For i = 1 To UBoundA. - 1
            For j = i + 1 To UBoundA.
                If a(i) > a(j) Then
                    swap i, j
                End If
            Next j
        Next i
End Sub
Sub swap(x As Integer, y As Integer)
    Dim t As Integer
        t = x
        x = y
        y = t
End Sub
```

改正1：_____

改正2：_____

5. 函数的功能是判断任意给定的整数是否为素数；主调过程的功能是为整型数组赋初值（三位的正整数），并调用函数将数组中的素数元素打印出来

```
Private Sub Command1_Click()
    Dim a%(1 To 10)
    For i = 1 To 10
        a(i) = Int(Rnd * 899 + 100)
        Print a(i);
    Next i
    Print
    Print "其中素数有:";
    For i = 1 To 10
        If Sushu(a()) = True Then
            Print a(i);
        End If
    Next i
    Print
End Sub
Function Sushu(x As Integer) As Boolean
    Sushu = True
    For i = 1 To x\2
        If x Mod i = 0 Then
            Sushu = False
            Exit For
        End If
    Next i
End Function
```

改正1：_____

改正2：_____

改正3：_____

习题 7 参考答案

习题 7.1 选择题

1. B　说明：VB 中共有四种过程：子过程、函数过程、属性过程、事件过程。其中属性过程可以为窗体、报表和类模块等增加自定义属性。

2. D 说明：同理中途跳出循环用 Exit For、Exit Do，跳出函数过程用 Exit Function

3. C 4. C 5. B 6. C 7. D 8. D 9. C 10. D 11. C 12. C 13. C 14. C 15. B

16. D 17. A 18. B

习题 7.2 填空题

1. a = 2 b = 3

    a = 4 b = 9

    c = 26

说明：由于赋值表达式 c = PFH（a，b）+ a + b 中先计算函数 PFH（a，b）的值，而该函数中的形参为传址并且在函数内部修改了形参的值，因此对应的实参 a、b 的值也变了！

2. 144

3. 6 说明：此程序的功能是用辗转相减法求 m、n 的最大公约数

4. aver   5. ByVal ByRef Call

6. Text1. Text   InStr（s1，s2）   Mid（s1，i + ls2）   InStr（s1，s2）

习题 7.3 改错题

1. 改正 1：r = m mod n

    改正 2：convert = r & convert

    改正 3：m = m\n

2. 改正 1：Dim a%（1 To 10），Zuidazhi As Integer

    改正 2：Zuidazhi = Max（a（））

    改正 3：If x（i）> Max Then

3. 改正 1：Call PaiXu（a（））

    改正 2：Min = i

    改正 3：x（j）< x（Min）

4. 改正 1：Call sort（x（）） 或 sort x（）

    改正 2：swap a（i），a（j）

5. 改正 1：a（i）= Int（Rnd * 900 + 100）

    改正 2：If Sushu（a（i））= True Then

    改正 3：For i = 2 To x\2

实验8 ......

高级界面设计

实验目的

1. 掌握 Windows 基本控件的使用方法。
2. 掌握菜单的规划、设计和使用方法。
3. 掌握工具栏的设计使用。
4. 掌握通用对话框控件的使用方法。
5. 掌握 RichTextBox 控件的使用。
6. 综合应用所学的知识，编制具有可视化界面的多窗体应用程序。

104

实验 8.1 框架

【实验任务】

设计如图 8 - 1 所示的程序，要求"药学院"和"学生"初始情况下处于选中状态。文本框中初始内容为"我是药学院的学生"。当单击某个院系或人员类别时，文本框中的内容根据选择结果即时改变。

图 8 - 1 框架练习

【实验步骤】

1. 设计如图所示的程序界面。
2. 向框架中添加对象有两种方法：第一种是剪切现有对象，在框架上右击选择粘贴；第二种是从工具栏中选择控件类型，在框架上绘制新控件。
3. 框架"院系"中的四个单选钮为一个控件数组（索引号从 0 到 3），"人员类

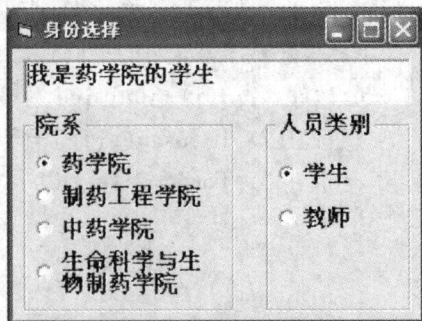

别"中的两个单选钮为一个控件数组（索引号从0到1）。

4. 编辑代码：

```
Dim yuanxi As String        '所属院系
Dim renyuan As String    '身份是学生还是老师
Private Sub Form_Load( )
    yuanxi = "药学院"
    renyuan = "学生"
    Text1 = "我是" & yuanxi & "的" & renyuan
End Sub
Private Sub Option1_Click( Index As Integer)
    yuanxi = Option1( Index). Caption
    Text1 = "我是" & yuanxi & "的" & renyuan
End Sub
Private Sub Option2_Click( Index As Integer)
    renyuan = Option2( Index). Caption
    Text1 = "我是" & yuanxi & "的" & renyuan
End Sub
```

实验8.2 字符格式化

【实验任务】

设计界面如图8－2所示，要求文本框中的文本居中对齐，字体随用户的选择即时改变。功能要求：

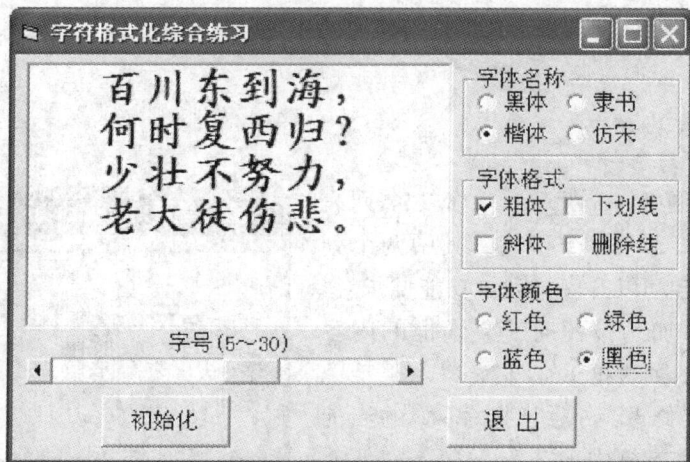

图8－2　字符格式化综合练习

1. 单击"初始化"按钮，文本框中的字体还原为初始状态：宋体、20号、非粗体、非斜体、无下划线和删除线、字体颜色为黑色。

2. 滑块在水平滚动条最左端时字体为5号，最右端为30号。单击两端的箭头时变化值为1，单击空白处时变化值为5。

3. 初始状态下水平滚动条的值为20。单击和拖动滚动条时，都可以即时显示效果。

提 示

1. 设定字体时，注意"楷体"、"仿宋"这两种字体是习惯性称呼，真正的名称为"楷体_ GB2312"和"仿宋_ GB2312"。

2. 单击复选框时不一定处于选中状态，因此需要先判断再应用效果，以下两种方法都可以实现该判断功能（以"粗体"为例）。

方法一、If 语句的双分支结构：

If Check1. Value = 1 Then

Text1. FontBold = True

Else

Text1. FontBold = False

End If

方法二、IIF( ) 函数：

Text1. FontBold = IIf(Check1. Value = 1，True，False)

3. 水平滚动条的 Max 属性为30、Min 属性为5、SmallChange 属性为1、LargeChange 属性为5。

4. 为了实现单击和拖动滚动条时都可以即时显示效果，需要同时为滚动条的 Change 事件和 Scroll 事件编写程序。

106

实验8.3 列表框

【实验任务】

设计界面如图8－3所示，包含2个列表框、1个文本框和3个命令按钮，其中两个列表框内的条目均自动以升序排列。功能要求：

1. 单击"添加"按钮时，文本框的内容自动添加到左边的列表框 List1 内。

2. 当单击"修改"按钮时，List1 的当前条目内容显示在文本框中。

3. 单击"修改完毕"按钮时，用文本框中的内容替换 List1 中当前条目的内容。

图8－3 列表框练习

4. 双击 List1 中某个条目时，该条目被添加到 List2 中同时从 List1 中删除。

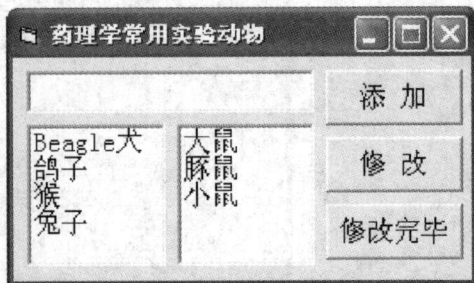

5．双击 List2 中某个条目时，该条目从 List2 中被删除。

【实验步骤】

1．将 List1 和 List2 的 Sorted 属性均设为 True。

2．输入代码：

```
Private Sub Command1_Click( )
    List1. AddItem Text1. Text
    Text1. Text = " "       '新条目添加完毕后清空 Text1
    Text1. SetFocus         '将焦点放回 Text1 准备再次输入
End Sub
Private Sub Command2_Click( )
    Text1. Text = List1. Text
    Text1. SetFocus
End Sub
Private Sub Command3_Click( )
    List1. List( List1. ListIndex ) = Text1. Text       '替换
    Text1. Text = " "
    Text1. SetFocus
End Sub
Private Sub List1_DblClick( )
    List2. AddItem List1. Text       'List2 中添加条目
    List1. RemoveItem List1. ListIndex       'List1 中删除条目
End Sub
Private Sub List2_DblClick( )
    List2. RemoveItem List2. ListIndex
End Sub
```

3．调试运行。

实验 8.4 滚动条

【实验任务】

在 Form1 窗体上建立一个垂直滚动条，其表示的最大值为 8000，最小值为 0，另外需要建立三个标签和一个文本框。请编写适当的事件过程，在运行时，如果改变滚动条中滚动框的位置，则在文本框中显示一个高度。当滚动框位于滚动条的顶端时，文本框中显示 8000 米；当位于底端时显示 0 米，其他位置时，显示其相对于底端的值（如图 8 - 4 所示），程序中不可以使用任何变量。

107

图 8 - 4　滚动条练习

实验 8.5 小球碰壁

【实验任务】

设计如图 8-5 所示的碰壁的小球程序，要求圆形形状控件 Shape1 每隔一定时间间隔沿水平和垂直方向移动 50。当 Shape1 到达窗体边框后反弹，要求反弹方向符合物理规律。

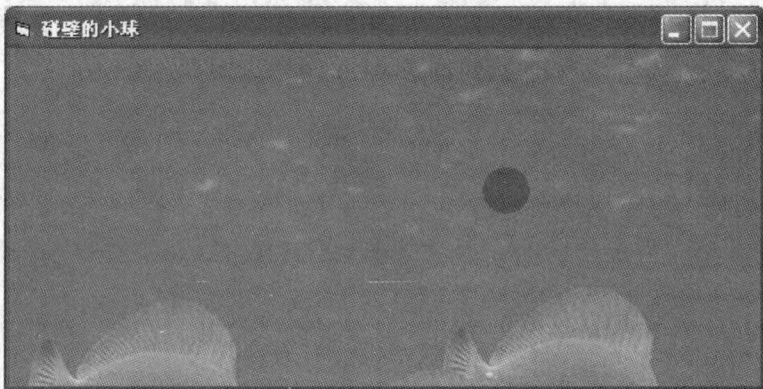

图 8-5　碰壁的小球

> **提示**
>
> 1. 设计如图所示的程序界面。注意 Shape1 的形状、窗体的标题和背景图片。
> 2. 添加一个 Timer 控件，将 Interval 属性设为大于 0 的值，例如 10。
> 3. 定义一个标识变量 Shuiping，值为 1 或 -1，为 1 时 Shape1 向右移动，为 -1 时向左移动；同理定义变量 Chuizhi。
> 4. 在 Timer 事件过程中，先将小球移动，然后判断它是否碰到了窗体边界。
> 5. 小球碰到窗体右边框的判断条件是：
> Shape1. Left >= Form1. ScaleWidth - Shape1. Width

实验 8.6 通用控制对话框

【实验任务】

设计界面如图 8-6 所示，功能要求：

1. 使用 TextBox 控件显示文件内容。
2. 单击"打开"，打开通用控制对话框的"打开"文件对话框，限制用户只能选择文本文件（ *.txt）和 RTF 文件（ *.rtf）。选定文件的内容显示在 TextBox 中。
3. 单击"背景色"，打开"颜色"对话框，将用户的选择结果应用于 RichTextBox

的背景颜色。

4. 单击"字体"，打开"字体"对话框，将用户的选择结果应用于 RichTextBox 中被选中文本上。

5. 单击"打印"打开"打印"对话框，将 TextBox 中的内容按用户选择的份数和打印机进行输出。

6. 单击"保存"打开"另存为"文件对话框，将 TextBox 中的内容保存到用户指定类型的文件中。

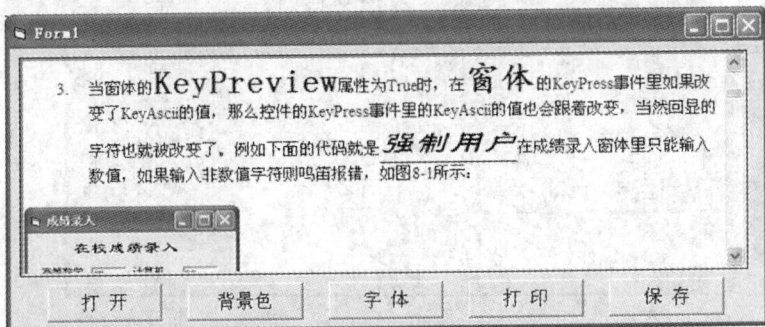

图 8−6　通用控制对话框

提 示

1. 通用控制对话框也不是 VB 的标准控件，需要通过"工程"菜单下的"部件"将"Microsoft Common Dialog Control 6.0"添加到工具箱中。

2. 单击"打开"和"保存"按钮时，需要将 CommonDialog 控件的 Filter 设置为"文本文件|*.txt|RTF 文件|*.rtf"，以对用户可操作文件进行限定。

3. 向 RichTextBox 中加载文件的语法为：

RichTextBox 控件名.LoadFile 带完整路径的文本文件或 RTF 文件名

例如：RichTextBox1.LoadFile "d:\class\File.rtf"

4. 将 RichTextBox 中的内容存盘的语法为：

RichTextBox 控件名.SaveFile 带完整路径的文本文件或 RTF 文件名

例如：RichTextBox1.SaveFile "d:\class\FileNew.rtf"

5. 对 RichTextBox 控件的字体格式进行设置和对文本框控件操作相似，但是对 RichTextBox 控件进行的字体设置是对选中的文本进行的，而对文本框进行的字体设置是对全部文本进行的。例如，

RichTextBox1.SelFontName = CommonDialog1.FontName

RichTextBox1.SelBold = CommonDialog1.FontBold

实验8.7 菜单设计

【实验任务】

1. 设计一个如图8-7所示的菜单系统。

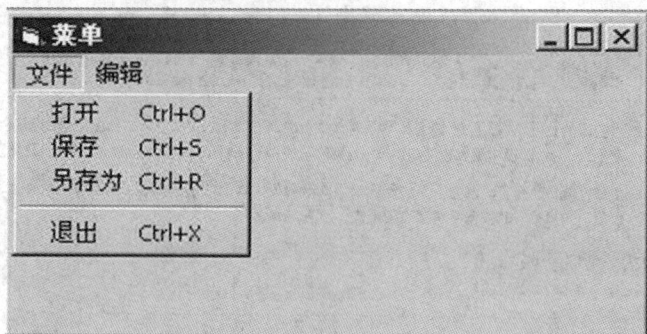

图8-7 菜单

2. 在实验任务1的基础上设计一个弹出式菜单，如图8-8所示。

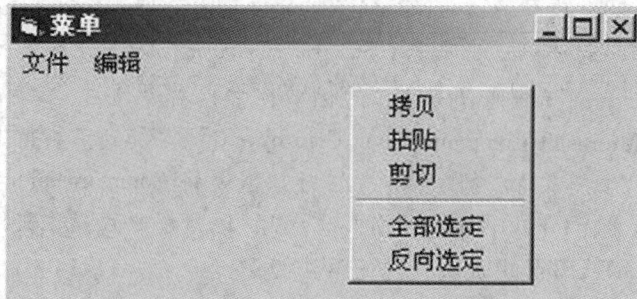

图8-8 弹出式菜单

3. 在实验任务1-2的基础上编写程序代码，通过双击窗体动态添加"帮助"菜单，如图8-9所示，即：第一次双击窗体时"帮助"菜单下添加一个"关于……1"、第二次双击窗体时"帮助"菜单下添加一个"关于……2"、……。

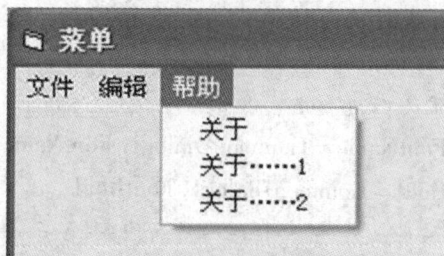

图8-9 动态菜单

习 题 8

习题 8.1 选择题

1. 为了使名称为 MenuItem 的菜单项在运行时失效（变灰），应使用_____语句。
   A. MenuItem. Enabled = False   B. MenuItem. Enabled = True
   C. MenuItem. Visible = True   D. MenuItem. Visible = False

2. 为了使名称为 MenuFormat 的菜单项在运行时隐藏（不可见），应使用_____语句。
   A. MenuItem. Enabled = False   B. MenuItem. Enabled = True
   C. MenuItem. Visible = True   D. MenuItem. Visible = False

3. 在 VB 程序中显示弹出式菜单需要调用_____方法。
   A. Print   B. Refresh   C. PopupMenu   D. Move

4. 下面_____方法不能打开菜单编辑器。
   A. 通过快捷键 Ctrl + M
   B. 右击对象窗口，选择"菜单编辑器"
   C. 通过"工具"下拉菜单中的"菜单编辑器"
   D. 通过工具栏中的"菜单编辑器按钮"

5. 把菜单中的某个菜单项设置为分隔线，则应当把标题（Caption）属性设置为_____。
   A. 空格   B. –   C. ——   D. Null

6. 在菜单编辑器中新增的菜单项，必须为_____属性赋值。
   A. 快捷键   B. 标题   C. 索引   D. 名称

7. 关于菜单编辑器，_____说法是正确的。
   A. 任何时候使用"工具"菜单下的"菜单编辑器"命令都可以打开菜单编辑器
   B. 只有当对象窗体为当前活动窗体时，才能打开菜单编辑器
   C. 只有当代码窗体为当前活动窗体时，才能打开菜单编辑器
   D. 只有当代码窗体和对象窗体同时为活动窗体时，才能打开菜单编辑器

8. 在菜单项 Caption 属性中的某个字母前插入_____符号，则程序运行时按 Alt 键和该字母就可以打开该命令菜单。
   A. _   B. &   C. $ D. @

9. 要使某菜单项可以通过键盘上的 Alt + K 键组合打开，应该_____。
   A. 在"名称"栏中"K"字符前加上"&"
   B. 在"名称"栏中"K"字符后加上"&"
   C. 在"标题"栏中"K"字符后加上"&"

D. 在 "标题" 栏中 "K" 字符前加上 "&"

10. 将 "China" 添加到列表框 List1 中作为最顶端的第一个条目的语句为_____。

    A. List1. AddItem "China" ,0   B. List1. AddItem "China" ,1

    C. List1. AddItem 0 , "China"   D. List1. AddItem 1 , "China"

11. 列表框 List1 中最后一个条目的内容为_____。

    A. List1. List(List1. ListCount)

    B. List1. List(List1. ListCount − 1)

    C. List1. List(ListCount)

    D. List1. List(ListCount − 1)

12. 列表框 List1 中现有四个条目, 把新数据项 "China" 添加到列表框中作为最后一个条目的语句为_____。

    A. List1. AddItem 3 , "China"

    B. List1. AddItem "China" , List1. ListCount − l

    C. List1. AddItem "China" ,3

    D. List1. AddItem"China" , List1. ListCount

13. 下面的程序执行后, 列表框中剩余的数据项为_____。

```
Private Sub Form_Click( )
    For i = 1 To 6
        List1. AddItem i
    Next i
    For i = 1 To 3
        List1. RemoveItem i
    Next i
End Sub
```

    A. 1 , 5 , 6   B. 2 , 4 , 6   C. 4 , 5 , 6   D. 1 , 3 , 5

14. 如果列表框 List1 中没有被选定的条目, 则执行 List1. RemoveItem List1. ListIndex 语句的结果是_____。

    A. 移去第一项   B. 移去最后一项

    C. 移去最后加入列表的一项   D. 以上都不对

15. 如果列表框 List1 中目前只有一个条目被用户选定, 则执行 Print List1. Selected (List1. ListIndex) 语句后的结果是_____。

    A. 在窗体上输出被选定条目的索引值

    B. 在窗体上输出被选定条目的具体内容

    C. 在窗体上输出 True

    D. 在窗体上输出 False

16. 下列说法中, 正确的是_____。

    A. 通过适当的属性设置, 可以让时钟控件在运行期间显示在窗体上

    B. 不能在列表框中同时选择多个条目

C. 通过适当的属性设置，列表框中的条目也可以从大到小排列

D. 若想让 Timer 事件停止自动运行，只需将 Interval 属性设为 0 或将 Enabled 属性设为 False。

17. 在复选框或单选钮中，下面关于 Style 属性的说法不正确的是＿＿＿＿＿＿

A. Style 是只读属性，只能在设计时使用

B. 当 Style = 1（Graphical）时，可以用 Picture 属性设置不同的图标

C. Style 属性设置为不同的值时，其外观也不相同

D. 当 Style = 1 时，单选按钮操作起来的外观和命令按钮完全相同。

18. 当把框架的＿＿＿＿＿＿属性设置为 False 时，其标题会变灰，框架中所有的对象均被不可被操作。

A. Name　　　　B. Caption　　　　C. Enabled　　　　D. Visible

19. 在窗体上画一个文本框和一个计时器控件，名称分别为 Text1 和 Timer1，在属性窗口中把计时器的 Interval 属性设置为 1000，Enabled 属性设置为 False。程序运行后，如果单击命令按钮，则每隔一秒钟在文本框中显示一次当前的时间。以下是实现上述操作的程序：

Private Sub Command1_Click( )

　　　Timer1. ＿＿＿＿＿＿

End Sub

Private Sub Timer1_Timer( )

　　　Text1. Text = Time

End Sub

在括号中应填入的内容是＿＿＿＿＿＿。

A. Enabled = True　　　　　　　B. Enabled = False

C. Visible = True　　　　　　　D. Visible = False

20. 图片框 Picture1 中已加载了一个图片，为了清除该图片（不删除图片框），应采用的正确方法是＿＿＿＿＿＿。

A. 选择图片框，然后按 Del 键

B. 执行语句 Picture1. Picture = LoadPicture（""）

C. 执行语句 Picture1. Picture = ""

D. 选定图片框，属性窗口中选择 Picture 条目，直接按回车键

21. 窗体上有一个名称为 List1 的列表框，一个名称为 Label1 的标签，列表框中显示若干个条目。当单击列表框中的某个条目时，在标签中显示被选中条目的内容。以下能正确实现上述操作的代码是＿＿＿＿＿＿。

A. Private Sub List1_Click( )

　　　Label1. Caption = List1. ListIndex

　　End Sub

B. Private Sub List1_Click( )

　　　Label1. Name = List1. ListIndex

　　End Sub
　C. Private Sub List1_Click( )
　　　Label1. Name = List1. Text
　　End Sub
　D. Private Sub List1_Click( )
　　　Label1. Caption = List1. Text
　　End Sub

22. 窗体上有一个名称为 List1 的列表框，其中有若干个条目。要求选中某一条目后单击 Command1 按钮，可以将该条目删除，正确的代码是_____
　A. Private Sub Command1_Click( )
　　List1. Clear
　　End Sub
　B. Private Sub Command1_Click( )
　　List1. Clear List1. ListIndex
　　End Sub
　C. Private Sub Command1_Click( )
　　List1. RemoveItem List1. ListIndex
　　End Sub
　D. Private Sub Command1_Click( )
　　List1. RemoveItem
　　End Sub

23. 窗体上有一个名称为 Timer1 的计时器（Enabled = True，Interval = 0）和一个名称为 Label1 的标签。希望每隔2秒在标签上显示一次系统时间。
　Private Sub Timer1_Timer( )
　Label1. Caption = Time
　End Sub
　程序运行后未能实现上述目的，应做的修改是_____
　A. 通过属性窗口把计时器的 Interval 属性设置为 2000
　B. 通过属性窗口把计时器的 Enabled 属性设置为 False
　C. 把 Label1. Caption = Time 改为 Timer1. Interval = Time
　D. 把 Label1. Caption = Time 改为 Label1. Caption = Timer1. Time

24. 窗体上有一个列表框和命令按钮，名称分别为 List1 和 Command1，编写代码如下：
　Private Sub Form_Load( )
　　List1. AddItem "Beijing"
　　List1. AddItem "Shanghai"
　　List1. AddItem "Tianjin"
　End Sub

```
Private Sub Command1_Click( )
    List1. List( List1. ListCount) = "Shenyang"
End Sub
```

程序运行后，单击命令按钮，其结果为_____

A. 把 "Shenyang" 添加到列表框中，但位置不确定

B. 把 "Shenyang" 添加到 "Tianjin" 的后面

C. 把列表框中的 "Tianjin" 修改为 "Shenyang"

D. 把 "Shenyang" 插入到 "Beijing" 的前面

25. 以下代码中_____不能实现无论是鼠标左击还是右击都可以弹出快捷菜单。

A. Sub Form_MouseDown(Button As Integer, Shift As Integer, _X As Single, Y As Single)

   If Button = 2 Then PopupMenu Menu_Test, 2

   End Sub

B. Sub Form_MouseDown(Button As Integer, Shift As Integer, _X As Single, Y As Single)

   PopupMenu Menu_Test, 2

   End Sub

C. Sub Form_MouseDown(Button As Integer, Shift As Integer, _X As Single, Y As Single)

   PopupMenu Menu_Test

   End Sub

D. Sub Form_MouseDown(Button As Integer, Shift As Integer,_ X As Single, Y As Single)

   If (Button = vbLeftButton) Or (Button = vbRightButton) Then

   PopupMenu Menu_Test

   End If

   End Sub

26. 以下代码中_____不能实现弹出菜单中的菜单项同时响应鼠标的左右键单击操作。

A. Sub Form_MouseDown(Button As Integer, Shift As Integer, _X As Single, Y As Single)

   If Button = 2 Then PopupMenu Menu_Test, 2

   End Sub

B. Sub Form_MouseDown(Button As Integer, Shift As Integer, _X As Single, Y As Single)

   PopupMenu Menu_Test, 2

   End Sub

C. Sub Form_MouseDown(Button As Integer, Shift As Integer, _X As Single, Y As
```

**115**
```

Single）

PopupMenu Menu_Test，vbPopupMenuRightButton

End Sub

D. Sub Form_MouseDown（Button As Integer，Shift As Integer，_ X As Single，Y As

Single）

If（Button = vbLeftButton）Or（Button = vbRightButton）Then

PopupMenu Menu_Test

End If

End Sub

27. 以下代码中格式正确的是_____。

A. CommonDialogl. Filter = All Files，* . * ，Pictures，* . Bmp

B. CommonDialogl. Filter = "All Files|* . * |Pictures| * . Bmp"

C. CommonDialogl. Filter = " All Files| * . * |Pictures| * . Bmp"

D. CommonDialogl. Filter = " All Files"|" * . * "|"Pictures"|" * . Bmp"

28. 希望在用户单击窗体右上角关闭按钮时，给出一个是否关闭的提示对话框。需
要对窗体的_____事件进行编程。

A. Form_ Load　　B. Form_ Click　　C. Form_ Paint　　D. Form_ Unload

29. 关于多重窗体的叙述中，正确的是_____。

A. 作为启动对象的 Main 子过程只能放在窗体模块内

B. 如果启动对象是 Main 子过程，则程序启动时不加载任何窗体，以后由该过
程根据不同情况决定是否加载或加载哪个窗体

C. VB 中不设置启动窗体的话程序不能执行

D. 以上都不对

30. 使用 ToolBar 控件创建工具栏时，需要关联_____控件以显示图片。

A. ListBox　　　　B. ImageList　　　C. SSTab　　　　D. Image

31. 通用对话框显示为"另存为"对话框，使用的方法是_____。

A. ShowSave　　B. ShowSaveAs　　C. ShowHelp　　　D. ShowOpen

32. 显示弹出菜单要用_____方法实现

A. Popup　　　　　　　　　B. PopupMenu

C. ShowMenu　　　　　　　 D. DrawMenu

33. 下列叙述错误的是_____

A. 菜单项的 Caption 属性为 "&File"，则它的热键为 Alt + F

B. 程序运行过程中，可以改变菜单项的 Visible 属性

C. 在同一窗体的菜单项中，不允许出现标题相同的菜单项

D. 菜单项与其他控件一样有自己的属性和事件

34. 下列叙述中正确的是_____

A. 菜单是一个控件，也具有属性和事件

B. "菜单编辑器"中设计的菜单不是控件

C. 菜单的属性可以在"属性窗口"中设置

D. 菜单是一个控件，它可以保存在"工具箱"

35. 以下说法错误的是_____

A. 一个工程中只能有一个 Sub Main 过程

B. 不使用 Load 语句，直接调用 Show 方法可以将指定窗体载入内存并显示

C. 窗体的 Hide 方法和 UnLoad 语句的作用完全相同

D. 若工程中有多个窗体，可根据需要将任意一个窗体指定为启动窗体

36. 将文本框的 Scrollbars 属性设置为 3 后没有任何效果，原因可能是_____。

A. 文本框中没有内容

B. 文本框的 Locked 属性为 True

C. 文本框的 MultiLine 属性为 False

D. 文本框的 MultiLine 属性值为 True

37. 为通用对话框 CommonDialog1 书写代码 CommonDialog1. Action = 2。

以下代码中与之等价的是_____。

A. CommonDialog1. ShowOpen

B. CommonDialog1. ShowSave

C. CommonDialog1. ShowColor

D. CommonDialog1. ShowFont

38. _____语句可实现程序运行时通用对话框 CD1 显示的标题为"对话框窗口"。

A. CD1. DialogTitle = "对话框窗口"

B. CD1. Action = "对话框窗口"

C. CD1. FileName = "对话框窗口"

D. CD1. Filter = "对话框窗口"

习题 8.2 填空题

1. 列表框中条目的序号是从_____开始的。

2. 列表框 List1 中最后一个条目的编号表示为_____。

3. 列表框 List1 中的_____和_____属性本身就是一个数组。

4. _____方法可清除列表框的所有条目。

5. 组合框是组合了文本框和列表框的特性而形成的一种控件。_____风格的组合框只允许用户选择给定条目，不能输入新内容。

6. 为了使单击滚动条两端的箭头和拖动滑块时都可以即时响应用户的操作，需要对_____和 Change 事件过程同时编写相同的代码。

7. 单击滚动条中滑块和箭头间的空白处时 Value 增量值由_____属性决定。

8. 触发滚动条的 Change 事件是因为_____值改变了。

9. 想每隔 5s 触发一次 Timer 事件，则 Interval 属性应设为_____。

10. _____函数将返回系统的当前时间。

11. 当用户单击鼠标右键时，MouseDown、MouseUp 和 MouseMove 事件过程中的

Button 参数值为_____。

12. 如图 8 – 10 所示的应用程序。当"计算机"和"操作系统"选项未被选定时，它们所在框架的其他控件不能使用。如果单击"确认"按钮，则在下面的标签中显示用户所选择的信息。请完成该应用程序的有关事件过程。

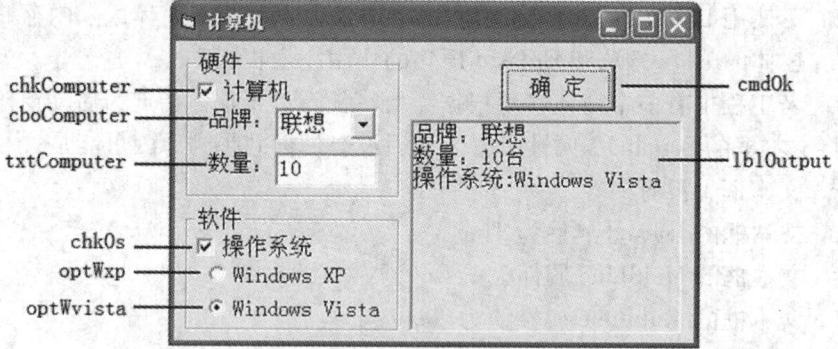

图 8 – 10   计算机订购清单

```
Private Sub _____
    CboComputer. Enabled = Not CboComputer. Enabled
    txtComputer. Enabled = Not txtComputer. Enabled
End Sub
Private Sub _____
    optWxp. Enabled = Not optWxp. Enabled
    optWvista. Enabled = Not optWvista. Enabled
End Sub
Sub cmdOk_Click( )
    LblOutput = " "
    If ChkComputer. Value = 1 Then
        LblOutput. Caption = "品牌:" & _____ & vbCrLf
        LblOutput. Caption = LblOutput. Caption & _
"数量:" & _____ & "台" & vbCrLf
    End If
    If _____ Then
        If optWxp. Value = True Then
            LblOutput. Caption = LblOutput. Caption & _
"操作系统:" & optWxp. Caption & vbCrLf
        Else
            LblOutput. Caption = LblOutput. Caption & _
"操作系统:" & optWvista. Caption & vbCrLf
        End If
    End If
```

118

End Sub

13. 下面代码的功能是将列表框 List1 中重复的条目删除，只保留一项。

```
For i = 0 To List1. ListCount − 1
    For j = List1. ListCount − 1 To _____ Step − 1
        If List1. List(i) = List1. List(j) Then
            _____
        End If
    Next j
Next i
```

14. 下列代码允许用户在组合框（cboComputer）中输入新条目，并且按下 Enter 键时判断该条目是否已经存在，如果不存在则追加到组合框的最后。

```
Private Sub cboComputer_KeyPress(KeyAscii As Integer)
    If KeyAscii = 13 Then
        Dim flag As Boolean
        flag = False
        For i = 0 To cboComputer. ListCount − 1
            If _____ Then
                flag = True
                Exit For
            End If
        Next i
        If _____ Then
            _____
        Else
            MsgBox("组合框中已有该条目!")
        End If
    End If
End Sub
```

15. 图 8-11 所示的程序能将通用对话框选定的文件内容显示到文本框中，并将带有完整路径的文件名作为菜单项动态地添加在"文件"下拉菜单中。图中"打开"菜单项的名称为 MenuOpen；动态菜单项的名称为 RecentFile。

```
Dim MenuCount
Dim InputData
Private Sub MenuOpen_Click()
    CommonDialog1. InitDir = "C:\Windows"
    CommonDialog1. Filter = "文本文件|*. txt|所有文件|*. *"
    FilterIndex = 1
    CommonDialog1. ShowOpen
```

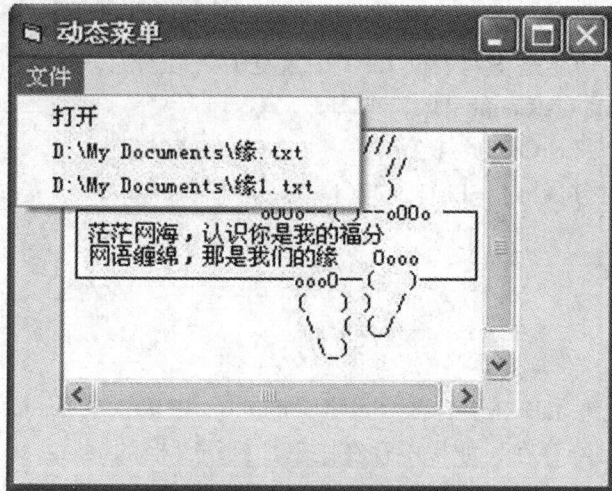

图 8-11　动态菜单

```
If CommonDialog1. FileName < > " " Then

    _____
    Open CommonDialog1. FileName For Input As #1
        Do While Not EOF(1)
            Line Input #1 , InputData
            Text1. Text = Text1. Text + InputData + vbCrLf
        Loop
    Close #1
    MenuCount = MenuCount + 1

    _____
    RecentFiles( MenuCount). Caption = _____
    RecentFiles( MenuCount). Visible = True
End If
End Sub
```

120

习题8 参考答案

习题8.1 选择题

1. A　2. D　3. C　4. A　5. B　6. D　7. B　8. B　9. D　10. A　11. B　12. D　13. D
14. D　15. C　16. D　17. D　18. C　19. A　20. B　21. D　22. C　23. A　24. B
25. A　26. A　27. C　28. D　29. B　30. B　31. A　32. B　33. C　34. A　35. C
36. C　37. B　38. A

习题 8.2 选择题

1. 0

2. List1. ListCount – 1　说明：List1. ListCount 为列表框中的条目数

3. List，Selected　说明：List1. List（i）表示编号为 i 的条目的具体内容；List. Selected（i）表示编号为 i 的条目目前是否被选中

4. Clear　说明：RemoveItem 方法只能清除指定编号的条目

5. 下拉式列表框（Dropdown List）　说明：组合框有 Dropdown Combo、Simple Combo、Dropdown List 三种风格

6. Scroll（事件）　说明：Scroll 事件专指拖动滚动条滑块时触发的事件，但是当释放滑块时会触发 Change 事件

7. LargeChange

8. Value　说明：无论什么原因只要改变了滚动条的 Value 值，就会触发 Change 事件（包括：单击两端的箭头、单击滑块和箭头间的空白处、拖动滑块后释放、通过代码修改 Value 值等）

9. 5000　说明：Interval 属性的单位是毫秒

10. Time　说明：Time 函数返回系统当前时间（几点几分几秒）；Timer 函数返回从今天凌晨零点到现在过去了多少秒；Timer 控件是 VB 中用于计时的标准控件；Timer 事件是 Timer 控件每隔 Interval 时间间隔自动执行的事件。

11. 2　说明：MouseDown 事件过程的语法格式为：

Sub 对象_ MouseDown（Button As Integer, Shift As Integer, X As Single, Y As Single）

其中：Button 参数对应鼠标的按键，左键为 1、右键为 2、中键（很少见）为 4

Shift 参数对应键盘上的功能键，Shift 为 1，Ctrl 为 2，Alt 为 4

12. 空 1：chkComputer_Click（　）　空 2：chkOs_Click（　）

空 3：cboComputer. Text　空 4：txtComputer. Text　空 5：chkOs. Value = 1

13. 空 1：i + 1　空 2：List1. RemoveItem j

14. 空 1：cboComputer. List（i）= cboComputer. Text

空 2：flag = False　空 3：cboComputer. AddItem cboComputer. Text

15. 空 1：Text1. Text = " "　空 2：Load RecentFiles（MenuCount）

空 3：CommonDialog1. FileName

实验 ⑨ ....

　　　　　　　　　　　文　件

实验目的

1. 了解数据文件的概念、分类。
2. 掌握顺序文件的打开、关闭和读写操作。
3. 掌握一些重点关于文件操作语句和函数的使用。
4. 熟悉文件系统控件的使用。

实验 9.1 顺序文件

【实验任务】

　　建立一个具有写入和读取顺序文件功能的程序，能将多行文本框 Text1 中输入的数据保存到指定的文本文件，并在需要的时候将指定文件内容读入内存并显示在文本框 Text2 中。实验结果如图 9-1 所示。

　　注：指定文件为跟程序在同一文件夹下的文本文件。

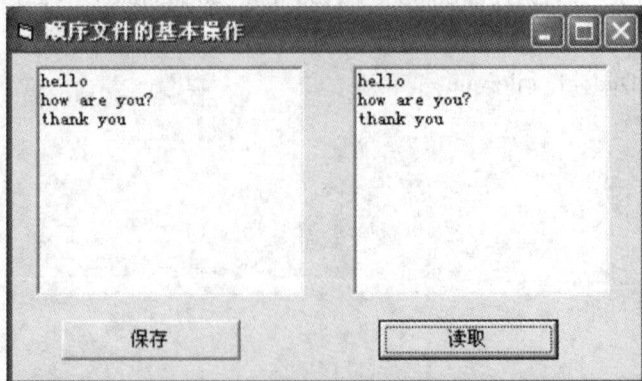

图 9-1　实验 9.1 运行界面

【实验步骤】

1. 新建工程，加入两个文本框、两个命令按钮，使其符合题目的界面及操作要求。
2. 将窗体和工程文件保存在自己的文件夹中（此程序必须先保存才能测试运行）。
3. 在代码窗口中输入下列命令代码：

```
Private Sub Command1_Click( )
    Open App. Path & " \test. txt" For Output As #1
                                '打开同一文件夹下的文本文件用于覆盖式写入
    Print #1 , Text1. Text '通过 Print #语句一次性将文本框的内容写入文件
    Close #1                    '关闭文件
End Sub


Private Sub Command2_Click( )
    Dim c As String
    Open App. Path & " \test. txt" For Input As #1      '注意 Input 读取数据文件
    Text2. Text = " "                           '清空 Text2 的内容
    Do While Not EOF( 1 )
        Line Input #1 , c                  '读取一行的内容存放到变量 c 中
        Text2. Text = Text2. Text & c & Chr( 13 ) & Chr( 10 ) '添加"回车""换行"
    Loop
    Close #1
End Sub
```

4. 单击 F5，试验运行本程序，直至满意为止。

代码分析说明：

题目要求建立一个具有写入和读取顺序文件功能的程序，当点击"保存"的时候可将文本框 Text1 中的内容保存到与程序在同一文件夹下的文本文件中；单击"打开"的时候可将该文本文件的内容读取出来显示在文本框 Text2 中。因此在"保存"按钮的 Click 事件中首先打开顺序文件，然后通过 Print #语句一次性将文本框的内容写入到文件中（写入文件的语句除了 Print #外还有 write #，注意体会差别），最后关闭文件。在"读取"按钮的 Click 事件中由于要将文件的全部内容读取出来，因此在读取的时候，通过 Do Until 循环，只要没有读到文件末尾（通过 EOF 函数判断文件读取指针是否到了文件末尾，如果到了文件末尾该函数返回值为 true，否则返回值为 false）则一直读，读取文件内容的时候通过 Line Input 语句（注意：顺序文件的读取还有其他几种方法），一次读取一行，显示在文本框中，由于 Line Input 在读取的时候，每一行的回车换行符读取不出来，因此在每读取一行内容显示在文本框的时候，手动加上回车换行的符号。

思考：

1. 内存变量为什么要定义为字符串类型？
2. 如何改用数据文件的其他读取方法完成类似任务？试一试。

3. 读写与程序在同一文件夹下的数据文件，带有完整路径的文件名可通过 App. Path & " \test. txt"获取，是否能直接写为"test. txt"？

答案：可以省略 App. Path，即写为" test. txt"，因为默认路径即为程序所在的文件夹路径。

4. 此实验中读写的数据文件是固定的，如果想要用户指定读写的文件，该如何修改？

答案：方法有两个，方法一：通过文件这一章所介绍的文件系统控件（驱动器列表框控件、目录列表框控件、文件列表框控件）结合来实现；方法二：通过通用对话框 CommonDialog 来实现。

下面以方法二来修改程序：

（1）首先添加 CommonDialog 控件，通过"工程"菜单下的"部件"将"Microsoft Common Dialog Control6. 0"添加到工具箱中，然后添加一个该类型对象到窗体上。

（2）代码如下

```
Private Sub Command1_Click()
    CommonDialog1. Filter = "文本文件( * . txt)| * . txt|所有文件( * . * )| * . * "
'设置对话框中文件类型过滤器
    CommonDialog1. ShowSave              '打开"另存为"对话框
    Open CommonDialog1. FileName For Output As #1
'通过 FileName 属性获取在打开对话框中选定的文件带有完整路径的文件名
        Print #1 , Text1. Text
    Close #1
End Sub
```

```
Private Sub Command2_Click()
    Dim c As String
    CommonDialog1. Filter = "文本文件( * . txt)| * . txt|所有文件( * . * )| * . * "
    CommonDialog1. ShowOpen
    Open CommonDialog1. FileName For Input As #1
    Text2. Text = " "
    Do While Not EOF(1)
        Line Input #1 , c
        Text2. Text = Text2. Text & c Chr(13) & Chr(10)
    Loop
    Close #1
End Sub
```

由此可见，通过通用对话框 CommonDialog 来实现由用户来指定文件的读写，在对文件操作时更灵活，更方便。

实验 9.2 文件系统控件

【实验任务】

建立一个图形浏览器，能够浏览图形的内容并打开该图形文件。窗体上放置驱动器列表框、目录列表框、文件列表框、一个文本框和一个图像框，并实现以下要求：

（1）文件列表框能过滤只显示后缀为 BMP 的图形文件。

（2）当在文件列表框中单击某 BMP 图形文件名后，在 Text1 显示文件名（包括路径），在 Image1 显示该图形内容。

（3）当在文件列表框中双击某图形文件名后，调用 windows 画图程序对该图形进行编辑。

实验结果如图 9 – 2 所示。

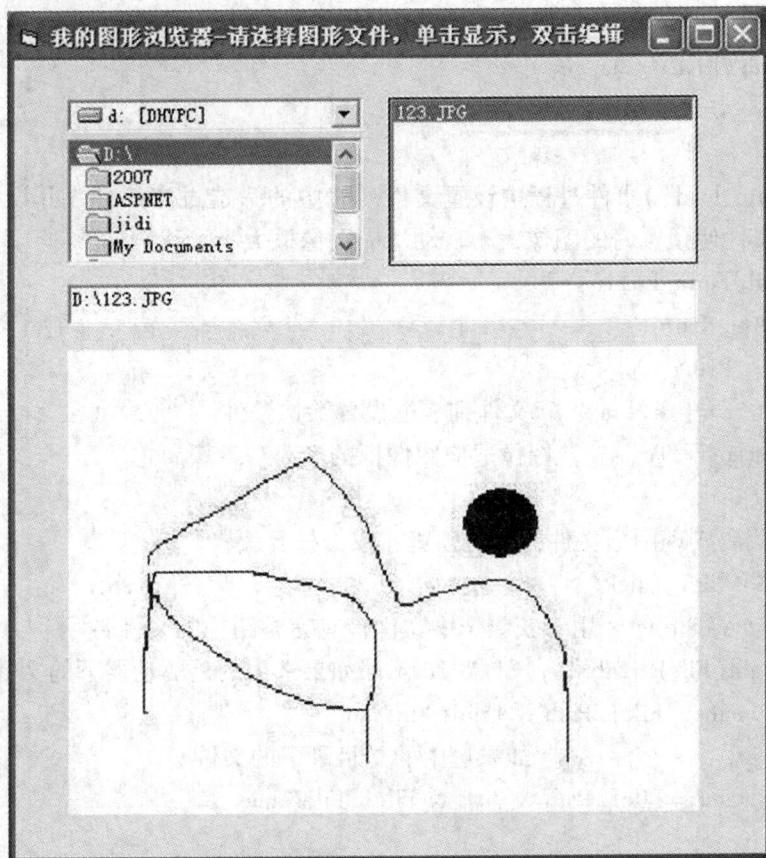

图 9 – 2　实验 9.2 运行界面

【实验步骤】

1. 在窗体中加入 DriveListBox、DirListBox、FileListBox 三个文件操作控件，分别用

于驱动器、目录及文件名列表的操作（三个控件可直接在 VB 工具栏中找到）。

2. 将窗体和工程文件保存在自己的文件夹中。

3. 设置当前驱动器以及当前目录。更改程序所在的驱动器为当前驱动器并更改程序所在的文件夹路径为当前目录（注意驱动器列表框和目录列表框的变化），代码如下：

```
Private Sub Form_Load( )
ChDrive App. Path    '更改当前驱动器
ChDir App. Path      '更改当前目录
End Sub
```

4. 通过 drive1 及 dir1 控件的 change 事件过程建立三控件之间的相互关联，代码如下：

```
Private Sub Dir1_Change( )
File1. Path = Dir1. Path
End Sub
Private Sub Drive1_Change( )
Dir1. Path = Drive1. Drive
End Sub
```

5. 在 Form_load( )事件过程中设置文件列表中的筛选过滤条件，并设置 Image1 对象的 Stretch 属性使预览时的图像大小自动适应图像框大小。代码如下：

```
Private Sub Form_Load( )
ChDrive App. Path
ChDir App. Path
File1. Pattern = " * . bmp"    '文件列表框设置筛选条件
Image1. Stretch = True        '让图像适应图像框的大小
End Sub
```

6. 编写代码实现图形文件的单击预览，双击打开编辑。

```
Private Sub File1_Click( )
Dim fname As String    '用于获取选中文件带有完整路径的文件名
    If Right( File1. Path, 1) = " \" Then    '如果选中的是驱动器下的文件
        fname = File1. Path & File1. FileName
    Else                    '如果选中的是目录下的文件
        fname = File1. Path & " \" & File1. FileName
    End If
Text1. Text = Fname
Image1. Picture = LoadPicture( Fname )    '通过 LoadPicture 函数加载图片
End Sub
Private Sub File1_DblClick( )
Dim fname As String
```

```
    If Right(File1. Path, 1) = " \" Then
            fname = File1. Path & File1. FileName
    Else
            fname = File1. Path & " \" & File1. FileName
    End If
Text1. Text = Fname
Dim a
a = Shell( "D:\windows\System32\mspaint. exe " & Fname, vbMaximizedFocus)
'通过 shell 函数调用画图程序将该 bmp 文件打开,注意:应掌握 Shell 函数调用外
部过程的方法
End Sub
```

7. 单击 F5,试验运行本程序,直至满意为止。

思考:可否仿照上述实验,建立一个文本浏览器。窗体上放置驱动器列表框、目录列表框、文件列表框和两个文本框,要求:

(1) 仅列出扩展名为 txt 的文本文件;。

(2) 当单击某文本文件后在文本框显示该文件内容。

(3) 当双击某文本文件后将调用"记事本"程序打开文本文件并编辑。

实验 9.3 随机文件

【实验任务】

设计一个随机文件读写应用程序,用于学生信息维护,包括添加学生记录以及显示学生记录。实验结果如图 9-3 所示。

【实验步骤】

1. 建立工程,设置标题栏,根据题目要求在窗体中添加框架、文本框以及命令按钮控件并设置其属性;

2. 依据下列提示设计程序。

(1) 定义数据类型

```
    Private Type student    '自定义数据类型 student
        sname As String * 10
        sspecial As String * 20
        sage As Integer
sscore As Single
End Type
Dim s As student    '声明 student 类型变量 s
```

(2) 获取随机文件总共的记录数并显示在文本框中

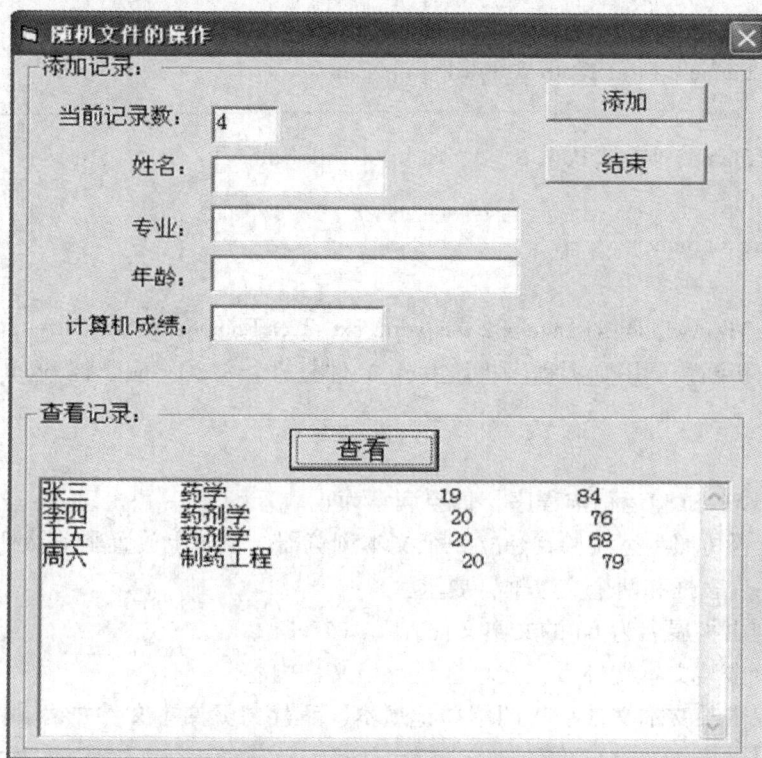

图9-3 实验9.3运行界面

Private Sub Form_Load( )

 Open "record. txt" For Random As #1 Len = Len(s)

 Text1. Text = LOF(1) / Len(s)

 Close #1

End Sub

(3)把文本框中的数据赋给变量s并写入随机文件中

 Private Sub Command1_Click( )

  s. sname = Text2. Text

  s. sspecial = Text3. Text

  s. sage = Val(Text4. Text)

s. sscore = Val(Text5. Text) '将数据保存在s的各个成员中

  Open "record. txt" For Random As #1 Len = Len(s)

   Text1. Text = Val(Text1. Text) + 1 '获得当前记录号

   Put #1, Val(Text1. Text), s '将数据写入随机文件中

  Close #1

  Text2. Text = " "

  Text3. Text = " "

  Text4. Text = " "

```
Text5. Text = " "
        Text2. SetFocus
End Sub
```

（4）读取文件中所有的学生记录并显示在文本框中

```
Private Sub Command3_Click( )
        Open "record. txt" For Random As #1 Len = Len( s)
            For i = 1 To Val( Text1. Text)        '依次读取每一条记录
                Get #1 , i , s
                Text6. Text = Text6. Text & s. sname & s. sspecial & s. sage & Space( 10)
& s. sscore & vbCrLf    '将读取的记录显示在文本框中
            Next i
        Close #1
End Sub
```

3. 调试程序，直到满意

说明： 本实验为设计性实验，试验界面和程序完全可以自主创新并允许适当增加功能。

思考：

1. 怎样修改程序使其能删除某一记录？

2. 怎样修改程序使其能求出全班计算机课程的平均成绩？

习 题 9

习题 9.1 选择题

1. Visual Basic 提供的对数据文件的三种访问方式分别为随机访问方式、_____
   和二进制访问方式。
   A. 顺序访问方式   B. 十六进制访问方式
   C. 倒序访问方式   D. 八进制访问方式

2. 下面关于顺序文件的描述正确的是_____。
   A. 每条记录的长度必须相同
   B. 可通过编程对文本中的某条记录方便地修改
   C. 数据只能以 ASCII 码形式存放在文件中，所以可通过文本编辑软件显示
   D. 文件的组织结构复杂

3. 之所以称为顺序文件，因为这种文件是_____。
   A. 按每条记录的记录号从小到大排序好的
   B. 按每条记录的长度从小到大排序好的
   C. 按记录的某关键数据项从大到小的顺序排序的
   D. 按记录进入的先后顺序存放、按写入的先后顺序读出的

4. 打开顺序文件的语句是_____。
   A. Output   B. For   C. Open   D. Close

5. 打开顺序文件语句的参数中 Append 是表示把新数据添加到文件的_____。
   A. 文件尾   B. 文件头
   C. 文件中间   D. 不能创建一个新文件

6. 用 Close 关闭多个已打开的顺序文件是，文件号之间要用_____标点符号
   隔开。
   A. .   B. ;   C. ,   D. /

7. 从磁盘上读取一个文件名为"c:\t1.txt"的顺序文件，如下_____正确。
   A. F = "c:\t1.txt"
      Open F For Input As #1
   B. F = "c:\t1.txt"
      Open "F" For Input As #2
   C. Open "c:\t1.txt" For Output As #1
   D. Open c:\t1.txt For Input As #2

8. 读顺序文件中用 Input # 语句是从打开的顺序文件中读取一行数据，这里的一行
   是指从当前指针位置开始到_____符之前的所有数据。

A. 回车换行符　　　B. 空格符　　　　C. A 字符　　　　　D. C 字符

9. 写顺序文件时的 Write# 语句会自动将写入文件中的信息用_____符号分开。

A. ;　　　　　　　B. ,　　　　　　C. /　　　　　　D. 。

10. 关闭顺序文件要用_____语句。

A. Output　　　　B. For　　　　C. Open　　　　D. Close

11. 用 Close 关闭已打开的顺序文件时，如果省略参数 FileList（文件号列表）是表示关闭_____已打开的文件。

A. 1 个　　　　　B. 5 个　　　　C. 10 个　　　　D. 所有

12. 在顺序文件语句中 Input # 可以从文件中同时向_____个变量内读入数据。

A. 一个　　　B. 三个　　　C. 多个　　　D. 最多十个

13. 写顺序文件时的 Write # 语句会自动将写入文件的信息中的字符串数据加上__
_____符号。

A. " "　　　　B. [ ]　　　　C. < >　　　　D. { }

14. 下列_____语句不能实现从顺序文件中读入数据。

A. Line Input # < 文件号 > , < 变量名 >

B. Input # < 文件号 > , < 变量名 1 > , [< 变量名 2 > ...]

C. Input (Length , # < 文件号 >)

D. InputBox (message)

15. 下面关于随机文件的描述不正确的是_____。

A. 每条记录的长度必须相同

B. 一个文件中记录号不必唯一

C. 可通过编程对文件中的某条记录方便地修改

D. 文件的组织结构比顺序文件复杂

16. 之所以称为随机文件，因为_____。

A. 文件中的内容是通过随机数产生的

B. 文件中的记录号通过随机数产生的

C. 可对文件中的记录根据记录号随机地读写

D. 文件的每条记录的长度是随机的

17. 为了建立一个随机文件，其中每一条记录由多个不同数据类型的数据项组成，应使用_____。

A. 记录类型　　　　　　　B. 数组

C. 字符串类型　　　　　　D. 变体类型

18. 在整个工程中生效的记录类型，其定义语句应出现在_____。

A. 窗体模块　　　　　　　B. 标准模块

C. 窗体模块、标准模块都可以　　D. 窗体模块、标准模块均不可以

19. 要建立一个学生成绩的随机文件，欲定义由学号、姓名（最多有 10 个字符）、三门课程成绩（百分制）组成的学生记录类型，程序段_____正确。

131

A. Type Stud
    no As Integer
    name As String
    mark(1 To 3)As Single
End Type

B. Type Stud
    no As Integer
    name As String * 10
    mark( )As Single
End Type

C. Type Stud
    no As Integer
    name As String * 10
    mark(1 To 3)As Single
End Type

D. Type Stud
    no As Integer
    name As String * 10
    mark(1 To 3)As String
End Type

20. 为了使用上述定义的记录类型，对一个学生的各数据项通过赋值语句获得其值分别为9801、"李平"、78、88、96，如下_____程序段正确。

A. Dim s As stud
    stud. no =9801
    stud. name = "李平"
    stud. mark =78,88,96

B. Dim s As stud
    s. no =9801
    s. name = "李平"
    s. mark =78,88,96

C. Dim s As stud
    s. no =9801
    s. name = "李平"
    s. mark(1) =78
    s. mark(2) =88
    s. mark(3) =96

D. Dim s As stud
    stud. no =9801
    stud. namre = "李平"
    stud. mark(1) =78
    stud. mark(2) =88
    stud. mark(3) =96

21. 要建立一个学生成绩的随机文件，文件名为"stud. dat"，该文件由第14题赋了值的一条记录组成，下列程序段_____正确。

A. Open "stud. dat" For Random As #1
    Put #1,1,. stud
C1ose #1

B. Open "stud. dat" For Random As #1
    Put #1,1,s
Close #1

C. Open "stud. dat" For Output As #
    Put #1,1,s
Close #1

D. Open "stud. dat" For Random As #1
    Put #1 s
Close #1

22. 随机文件中每行或者每个记录的长度是_____。

A. 固定   B. 300 个字节   C. 不固定   D. 10 个字节

23. 为了把一个记录型变量的内容写入文件中指定的位置，所使用的语句的格式为：_____。

    A. Get 文件号，记录号，变量名　　　B. Get 文件号，变量名，记录号

    C. Put 文件号，变量名，记录号　　　D. Put 文件号，记录号，变量名

24. 随机访问模式中文件的读操作使用_____命令。

    A. Open　　　　B. Put　　　　C. Input　　　　D. Get

25. 若磁盘文件 C：\ Data1. dat 不存在，下列语句中，会产生错误的是_____。

    A. Open "C:\Data1. dat" For Output As #1

    B. Open "C:\Data1. dat" For Input As #2

    C. Open "C:\Data1. dat" For Append As #3

    D. Open "C:\Data1. dat" For Binary As #4

26. 文件操作时，LOF 函数的功能是_____。

    A. 确定文件中的长度（字符总数）　　B. 判断文件是否已经结束

    C. 判断文件是否打开　　　　　　　　D. 判断文件的属性

27. 删除 D：\test. txt 文件的 VB 语句是_____。

    A. Del "D:\test. txt"　　　　　　B. Delete "D:\test. txt"

    C. Kill "D:\test. txt"　　　　　　D. Clear "D:\test. txt"

28. 将"D:\abc\class. txt"复制到"E:\test\backup. txt"的 VB 语句是_____。

    A. Copy "D:\abc\class. txt" "E:\test\backup. txt"

    B. Copy "D:\abc\class. txt" ,"E:\test\backup. txt"

    C. FileCopy "D:\abc\class. txt" "E:\test\backup. txt"

    D. FileCopy "D:\abc\class. txt" ,"E:\test\backup. txt"

29. 将"D:\abc\class. txt"重命名为"backup. txt"的 VB 语句是_____。

    A. Name "D:\abc\class. txt" As "D:\abc\backup. txt"

    B. Rename "D:\abc\class. txt" As "D:\abc\backup. txt"

    C. Rename "D:\abc\class. txt" ,"D:\abc\backup. txt"

    D. ChangeName "D:\abc\class. txt" as "D:\abc\backup. txt"

30. 驱动器列表框的 Drive 属性是_____。

    A. 返回或设置所选定的驱动器　　B. 显示当前驱动器上的目录

    C. 显示根目录下的文件名　　　　D. 只显示当前路径下的文件

31. 可以实现当驱动器列表框 Drive1 中的盘符改变时，目录列表框 Dir1 中被选中的路径即时改变的 VB 代码是_____。

    A. Private Sub Drive1_Change( )

    　　Dir1. Path = Drive1. Drive

    End Sub

    B. Private Sub Drive1_Click( )

    　　Dir1. Path = Drive1. Drive

    End Sub

133

C. Private Sub Drive1_Change( )

　　Dir1. Path = Drive1. Path

End Sub

D. Private Sub Drive1_Click( )

　　Dir1. Drive = Drive1. Drive

End Sub

32. 从文件列表框 File1 中选择了"D:"盘下"abc"目录中的"class. txt"文件，下面的 VB 语句中可以将带完整路径的文件名显示在文本框 Text1 中的是_____。

A. Text1. Text = File1. Path & File1. FileName

B. Text1. Text = File1. Path & " \" & File1. FileName

C. Text1. Print File1. Path & File1. FileName

D. Text1. Print File1. Path & " \" & File1. FileName

33. 下面的程序段中可以将 26 个英文字母写入"D:\letter. txt"文件内容之后的是_____。

A. Open "D:\letter. txt" For Random As #1

　　For i = 1 To 26

　　　Write #1 , Chr(65 + i − 1) ;

　　Next i

　　Close #1

B. Open "D:\letter. txt" For Input As #1

　　For i = 1 To 26

　　　Write #1 , Chr(65 + i − 1) ;

　　Next i

　　Close #1

C. Open "D:\letter. txt" For Output As #1

　　For i = 1 To 26

　　　Write #1 , Chr(65 + i − 1);

　　Next i

　　Close #1

D. Open "D:\letter. txt" For Append As #1

　　For i = 1 To 26

　　　Write #1 , Chr(65 + i − 1) ;

　　Next i

　　Close #1

34. 可以决定文件列表框 File1 中显示文件类型的是_____属性。

A. Filter　　　　　　B. Type　　　　　　C. Pattern　　　　　　D. Class

习题 9.2 填空题

1. 顺序文件的建立。建立文件名为"c:\stud1. txt"的顺序文件,内容来自文本框,每按 Enter 键补充一条记录,然后清除文本框的内容,直到文本框内输入"END"字符串。

```
Private Sub Text1_KeyPress (KeyAscii As Integer)
If KeyAscii = 13 Then
  If _____ Then
          End
        Else
          _____

          _____
          Text1. Text = " "
Close #1
          End If
        End If
      End Sub
```

2. 文本文件合并。将文本文件"t2. txt"合并到"t1. txt"文件中。

```
Private Sub Commandl_Click( )
  Dim s as String
Open "t1. txt"    _____
Open "t2. txt"    _____
  Do While Not EOF(2)
  Line Input #2 , s
    Print #1 , s
  Loop
  Close #1 , #2
End Sub
```

3. 完善下列程序,要求能将不同学生的姓名、性别、年龄通过文本框输入,按"写入"按钮后写入随机文件中,或按下"读取"按钮后将随机文件的内容读入到相应的文本框中,或按下"退出"按钮,程序运行结束。

```
Private Type Stud
  Name As String * 8
  Sex As String * 2
  Age As Byte
_____

Dim Student As _____
Dim N As Integer

Private Sub Command1_Click( )
  Student. Name = Text1. Text
  Student. Sex = Text3. Text
  Student. Age = Val( Text2. Text)
```

135

_____, N, Student

N = N + 1

End Sub

Private Sub Command2_Click()

    k = CInt(InputBox("输入要显示的记录号(1 -" & Str(N) & "):"))

    If (k > = 1) And (k < = N) Then

    _____

      Text1. Text = Student. Name

      Text3. Text = Student. Sex

      Text2. Text = Student. Age

    Else

      MsgBox "记录不存在!", vbCritical, "警告"

    End If

End Sub

Private Sub Command3_Click()

    _____

    End

End Sub

Private Sub Form_Load()

    Open "Stud. txt" For Random As #1 _____

    N = 0

    ChDrive App. Path

    ChDir App. Path

End Sub

习题9.3 操作题

1. 有一批实验数据以顺序文件的格式存放于 d:\experiment. txt 中，记录个数未知，数据的类型为单精度，试利用 Input 语句读取出来，并计算其平均值和最大值及最小值，结果均保留两位小数。

（实际编写程序时，实验数据可以通过随机产生 100 个 50.00 ～ 99.99 的随机数放入 d:\experiment. txt 中来模拟生成），运行界面如图 9 - 4 所示。

2. 将 C 盘根目录下的一个文本文件 old. dat 复制到新文件 new. dat 中，并利用文件操作语句将 old. dat 文件从磁盘上删除。

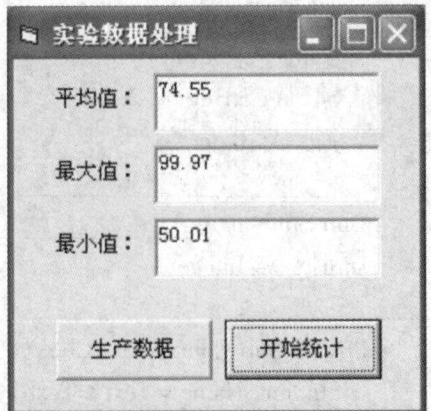

图 9 - 4　运行界面

习题 9 参考答案

习题 9.1 选择题

1. A 2. C 3. D 4. C 5. A 6. C 7. A 8. A 9. B 10. D 11. D 12. C 13. A
14. D 15. B 16. C 17. A 18. B 19. C 20. C 21. B 22. C 23. D 24. D
25. B 26. A 27. C 28. D 29. A 30. A 31. A 32. B 33. D 34. A

习题 9.2 填空题

第 1 空: UCase(Text1) = "END"   用户输入大小写 end 均可。

第 2 空: Open "c:\stud1.txt" For Append As #1

第 3 空: Print #1,Text1.Text   文本框内容写到文件中。

第 4 空: For Append As #1 以追加方式打开

第 5 空: For Output As #2 以写入方式打开

第 6 空: End Type

第 7 空: Stud

第 8 空: Put #1

第 9 空: Get #1 , k ,student

第 10 空: Close #1

第 11 空: Len(Student)

习题 9.3 操作题

137

1. 参考程序

```
Private Sub Command1_Click()        '虚拟生成实验数据
    Dim a!
    Open "d:\experiment.txt" For Output As #1
        For i = 1 To 100
            a = Rnd * 50 + 50    '在 50~99.9999 间产生随机数
            a = Format(a, "0.00")    '只保留两位小数
            Write #1, a;
        Next i
    Close #1
End Sub


Private Sub Command2_Click()
    Dim m%, n%, x!()    'n 是实验数据的总个数
    Dim sum!, min%, max%
```

```
    m = 0        'm 代表已经读取第几个实验数据了
Open "d:\experiment. txt" For Input As #1
    Do Until EOF(1)
            m = m + 1
            ReDim Preserve x(m)
            Input #1, x(m)
    Loop
Close #1
max = 1: min = 1: sum = x(1)
For i = 2 To m
    sum = sum + x(i)
    If x(i) > x(max) Then max = i
    If x(i) < x(min) Then min = i
Next i
Text1 = Format(sum / m, "0. 00")
Text2 = x(max)
Text3 = x(min)
End Sub
```

2. 参考程序

```
Private Sub Commandl_Click()
    Dim str1 as String
    Open "c:\old. dat" For Input As #1
    Open "c:\new. dat" For Output As #2
    Do While Not EOF(1)
        Line Input #1, str1
        Print #2, str1
    Loop
    Close #1, #2
    KILL "c:\old. dat"
End Sub
```

实验 ⑩

图形程序设计

实验目的

1. 掌握 VB 的图形控件和图形方法。
2. 掌握建立图形坐标系的方法。
3. 掌握常用几何图形绘制。
4. 掌握简单动画设计的方法。

实验 10.1 绘制函数曲线

【实验任务】

在窗体 Form1 建立一个坐标系。用 Pset 方法在窗体上绘制 −π 到 π 的正弦曲线。

提示

Pset 方法可在系统默认的坐标系中根据坐标绘制一个点，也可在自定义坐标系中绘制坐标点。

【实验步骤】

1. 由于本题控制简单，不需在窗体中加入命令按钮，只需对 Form 对象的 Click 事件编程即可控制绘图；
2. 由于正弦函数的值域介于 −1 ~ 1 之间函数值 y 非常小，因而重新设置坐标系：

    Scale（−4,4）−（4,−4）

若不自定义坐标，则需在循环描点中应对函数进行适当的放大和坐标变换才能较好显示。例如：

$x0 = x * 500 + 2500$

$y0 = -y * 500 + 1500$

3. 利用 line 方法绘制 X 轴和 Y 轴

Line $(0, -3.5) - (0, 3.5)$

Line $(3.5, 0) - (-3.5, 0)$

也可直接使用 VB 工具栏中的 Line 对象在屏幕上绘制坐标轴。

4. 利用 PSet 循环描点绘制正弦曲线

```
Dim x As Single, y As Single
For x = -3.14159 To 3.14159 Step 0.01
    y = Sin(x)
    PSet (x, y)
Next x
```

5. 运行效果如图 10 -1 所示。

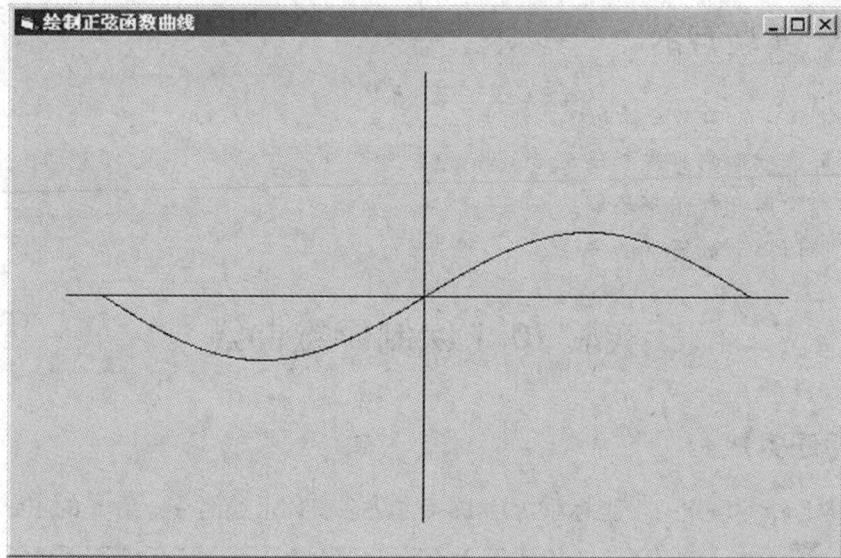

图 10 -1　正弦曲线

　　思考：若要动态显示函数图像的绘制过程，则可在程序中取消循环，而改用 Timer 时钟控件，每隔一定的时间间隔以一个微小的步长增长 x 带入函数计算相应 y 值，然后用 Pset 方法自动绘制一个新的坐标点。试一试。

实验 10.2 形状控件的使用

【实验任务】

编程在窗体上依次显示不同的形状和填充图案，如图 10 -2 所示。

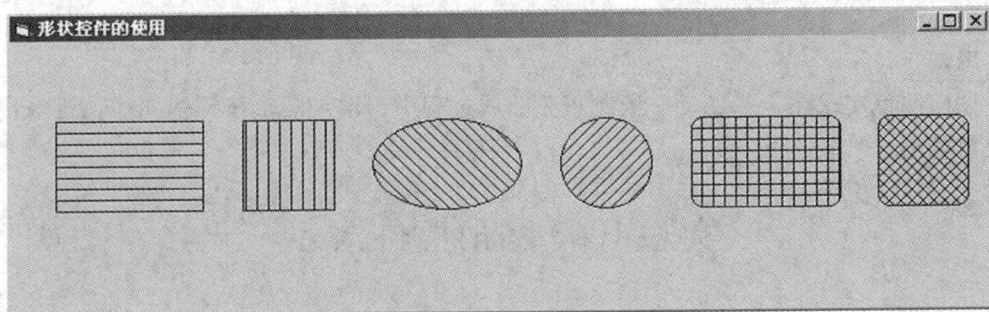

图 10 – 2 形状控件

【实验步骤】

1. 建立窗体，添加一个名为 shape（ ）的 Shape 控件数组，初始控件的索引序号为 0。

2. 在循环中利用 load 方法 5 次增加 shape 控件，分别得到 shape（1）、shape（2）、shape（3）、shape（4）、shape（5）以及原来的 shape（0）总共 6 个性状控件。

3. 设置它们的 Shape 属性分别为 0 ~ 5，代表 6 种不同的形状。

4. 设置它们的 FillStyle 属性为（2 ~ 7）填充。

5. 输入代码：

```
Option Explicit
Private Sub Form_Load( )
Dim i%
Shape(0). Shape = 0
Shape(0). FillStyle = 2
For i = 1 To 5
    Load Shape(i) '装入新的控件
    Shape(i). Visible = True
Next i
End Sub

Private Sub Form_Click( )
Dim i%
For i = 1 To 5
    Shape(i). Shape = i
    Shape(i). FillStyle = 2 + i
    Shape(i). Top = Shape(i – 1). Top '各形状控件高度一致
Shape(i). Left = Shape(i – 1). Left + Shape(i – 1). Width + 100
'以 100 间隔依次横排
Next i
```

141

End Sub

思考:

如何编程实现在上一题动态绘制正弦曲线过程中,增加一个按正弦曲线轨迹缓慢前进的黄色小球? 试一试。

实验 10.3 图形控件演示

【实验任务】

建立如图 10 - 3 所示的应用程序,通过命令按钮控制直线控件的旋转和形状控件的形状、位置等的变化,掌握直线和形状控件的特点和使用方法。

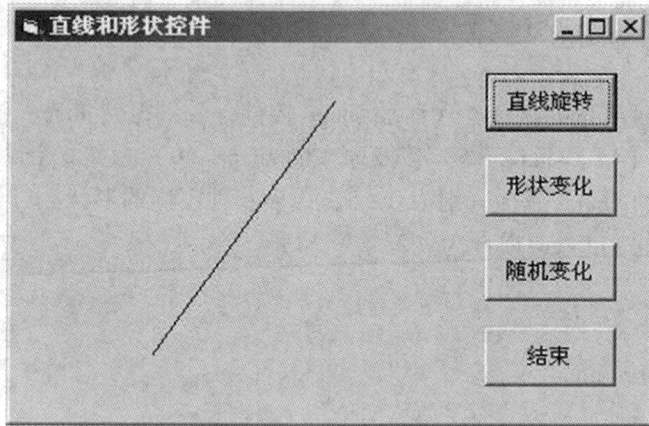

图 10 - 3　图形控件演示

【实验步骤】

1. 在窗体中分别放置四个命令按钮 Command1、Command2、Command3、Command4,其 Caption 属性分别为"直线旋转"、"形状变化"、"随机变化"、"退出"。

2. 在窗体中加入一个形状控件 Shape1 以及一个直线控件 Line1,调整为合适的大小、位置。

3. 输入代码:

```
Dim i As Integer, j As Long

Private Sub Command1_Click()
    Dim r As Single, x0 As Single, y0 As Single
    Const Pi As Double = 3.1415926
    Line1.Visible = True
    r = Sqr((Line1.X2 - Line1.X1) ^ 2 + (Line1.Y2 - Line1.Y1) ^ 2) / 2
    x0 = (Line1.X2 + Line1.X1) / 2
```

```
      y0 = (Line1. Y2 + Line1. Y1) / 2
      For i = 1 To 360
         Line1. X1 = x0 - r * Cos(i * Pi / 180)
         Line1. Y1 = y0 - r * Sin(i * Pi / 180)
         Line1. X2 = x0 + r * Cos(i * Pi / 180)
         Line1. Y2 = y0 + r * Sin(i * Pi / 180)
         DoEvents
         For j = 0 To 100000: Next j
      Next i
      Line1. Visible = False
End Sub


Private Sub Command2_Click( )
   Shape1. Visible = True
   For i = 1 To 36
      Shape1. Shape = i Mod 6
      DoEvents
      For j = 0 To 10000000
      Next j
   Next i
   Shape1. Visible = False
End Sub


Private Sub Command3_Click( )
   Shape1. Visible = True
   For i = 0 To 36
      Randomize
      Shape1. Shape = Int(Rnd * 5)
      Shape1. Width = Int(Rnd * Form1. ScaleWidth)
      Shape1. Height = Int(Rnd * Form1. ScaleHeight)
      Shape1. Left = Int(Rnd * (Form1. ScaleWidth - Shape1. Width))
      Shape1. Top = Int(Rnd * (Form1. ScaleHeight - Shape1. Height))
      Shape1. FillColor = RGB(Rnd * 255, Rnd * 255, Rnd * 255)
      DoEvents
      For j = 0 To 10000000
      Next j
   Next i
   Shape1. Visible = False
```

End Sub

Private Sub Command4_Click( )
   End
End Sub

Private Sub Form_Load( )
    Line1. Visible = False
    Shape1. Visible = False
End Sub

4．调试运行。

实验 10.4 图形方法演示

【实验任务】

编程用 Line 方法在窗体上绘制艺术图案。构造图案的算法为：把一个半径为 r 的圆周等分为 n 份（要求等分数通过文本框指定），然后用直线将这些点两两相连。

> **提 示**
>
> 1. 在半径为 r 的圆周上第 i 个等分点的坐标为：
> $xi = r * Cos(i * t) + x0, yi = r * Sin(i * t) + y0$。
> 其中，t 为等分角，(x0，y0) 为圆心坐标，r 为圆半径。
> 2. 在双重循环控制内用 Line 方法将这些点两两相连。

思考：把 Line 方法换成 Circle 方法会有怎样的艺术效果呢？试一试。

习 题 10

习题 10.1 选择题

1. 当使用 Line 方法画直线后，当前坐标在_____。
   A. （0，0）　　　　　　　　B. 直线起点
   C. 直线终点　　　　　　　　D. 容器的中心

2. 通过设置 Shape 控件的_____属性可以绘制多种形状的图形。
   A. Shape　　　　　　　　　B. BorderStyle
   C. Fillstyle　　　　　　　　D. Style

3. 若要窗体上的文字或图案被覆盖后可以恢复，要求设置窗体的_____属性。
   A. Appearance　　　　　　　B. Autoredraw
   C. Enabled　　　　　　　　D. Visible

4. 以下属性和方法中可以重新定义坐标系的是_____。
   A. DrawStyle 属性　　　　　B. Scale 方法
   C. DrawWidth 属性　　　　　D. ScaleMode 属性

5. 当窗体的 AutoRedraw 属性采用默认值时，若在窗体装入时使用图形方法绘制图形，则应将程序放在_____。
   A. Paint 事件　　　　　　　B. Load 事件
   C. Initialize 事件　　　　　　D. Click 事件

6. 在 VB 中坐标轴的缺省度量单位是 twip，用户可以根据实际需要使用_____改变度量单位。
   A. ScaleMode　　　　　　　B. Scale
   C. DrawStyle　　　　　　　D. DrawWidth

7. CLS 方法可清除窗体或图形框中_____的内容
   A. Picture 属性设置的背景图案
   B. 在设计时放置的控件
   C. 在程序运行时产生的图形或文字
   D. 以上都是

习题 10.2 填空题

1. 以下程序用于 Picture 控件中进行图形功能演示，由四个命令按钮分别实现随机画圆、随机文字、立体图形和随机图像等功能，第五个按钮功能为退出，界面如图

145

10－4所示。在代码的画线处填上相应内容实现上述功能。

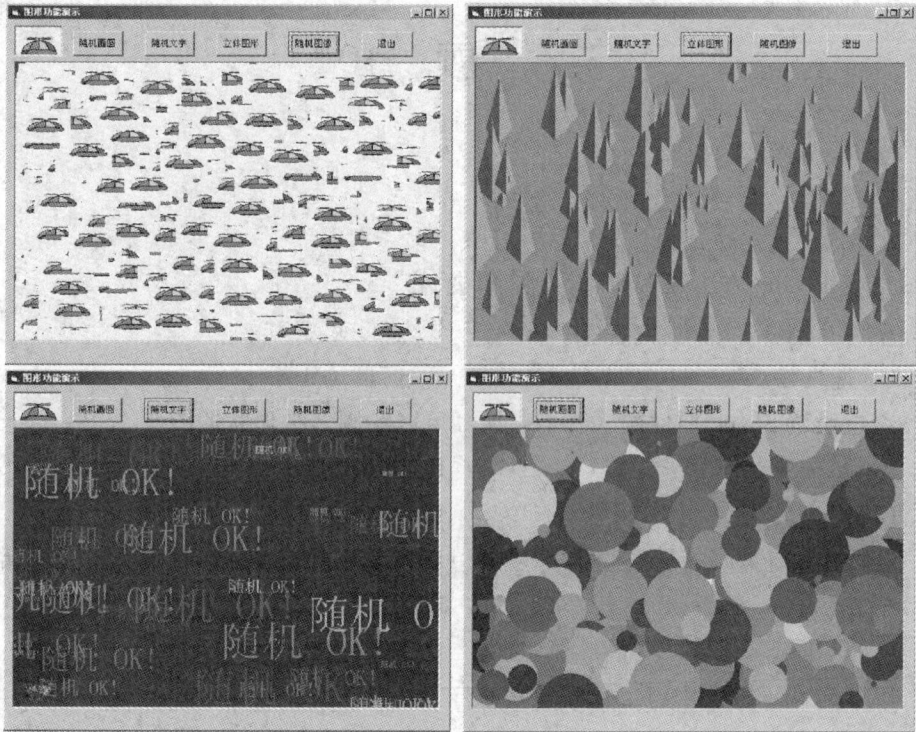

图 10－4　随机作图

'程序准备：

```
Private Sub Form_Load()
Command1. Caption = "随机画圆"
Command2. Caption = "随机文字"
Command3. Caption = "立体图形"
Command4. Caption = "随机图像"

Form1. ScaleMode = 1
Picture1. ScaleMode = 1
'Picture2. Picture = LoadPicture("d:\windows\256color. bmp")
End Sub
'随机画圆动画：
Private Sub Command1_Click()
  Dim Xpos!, Ypos!
  Picture1. Cls
Do
  nn = Int(100 * Rnd)
```

```
        If nn > 0 Then
            _____ = nn
            '改变 Picture1 中图形方法输出时的线条宽度
        End If
        XPos = Rnd * Picture1.ScaleWidth
        YPos = Rnd * Picture1.ScaleHeight
        _____(XPos, YPos), RGB(Rnd * 256, Rnd * 256, Rnd * 256)
        '描出随机坐标的带颜色大点,在图形框中呈现彩色圆饼
        DoEvents
    Loop
End Sub
'随机文字动画:
    Private Sub Command2_Click()
        '_____清除 Picture1 控件在程序运行时产生的图形或文字
    Do
        nn = Int(45 * Rnd)
        If nn > 0 Then
            _____ = nn    '随机确定 Picture1 中的字体大小
        End If
        Picture1.CurrentX = Rnd * Picture1.ScaleWidth - 1000
        Picture1.CurrentY = Rnd * Picture1.ScaleHeight
        Picture1.ForeColor = _____
        '随机确定 Picture1 中的前景色
        Picture1.Print "测试 OK!"
        n = n + 1
        If n > 50 Then
            n = 0
            Picture1.BackColor = QBColor(Rnd * 15)
        End If
        DoEvents
    Loop
End Sub
'立体随机动画:
    Private Sub Command3_Click()
        Dim m, n
        Picture1.DrawWidth = 1
```

147

```
        Picture1. BackColor = RGB(210, 150, 0)
        Picture1. Cls
        Do
            m = Rnd ∗ Picture1. ScaleWidth
            n = Rnd ∗ Picture1. ScaleHeight − 500
            For i = 0 To Rnd ∗ 800
    _____ (m, n + 2.5 ∗ i) − (m + i / 2, n + 2 ∗ i), RGB(180, 180, 180)
            '在 Picture1 中划线
        Picture1. Line (m, n + 2.5 ∗ i) − (m − i / 2, n + 2 ∗ i), RGB(80, 80, 80)
            Next i
            DoEvents
        Loop
End Sub
'随机图像显示:
    Private Sub Command4_Click( )
        Do
            xx = Rnd ∗ Picture1. Width
            yy = Rnd ∗ Picture1. Height
        Picture1. PaintPicture Picture2. Picture, xx, yy, Picture2. Width, Picture2. Height
            DoEvents
        Loop
End Sub
'退出按钮
    Private Sub Command5_Click( )

        _____

    End Sub
```

习题 10.3 设计题

1. 编程绘制 $-2\pi \sim 2\pi$ 之间的余弦函数 $y = \cos(x)$ 曲线。要求建立一个符合习惯的新坐标系，X 轴的正向向右，Y 轴的正向向上，原点在窗体中央。如图 10−5 所示。

2. 在两个文本框中输入 a，b 数值，用于指定函数 $y = 1 - x^2$ 的有效区间 [a，b]。根据区间值 a，b 建立一个新坐标系，用 Line 方法在坐标系内绘制 $y = 1 - x^2$ 在区间 [a，b] 之间的积分面积区域。

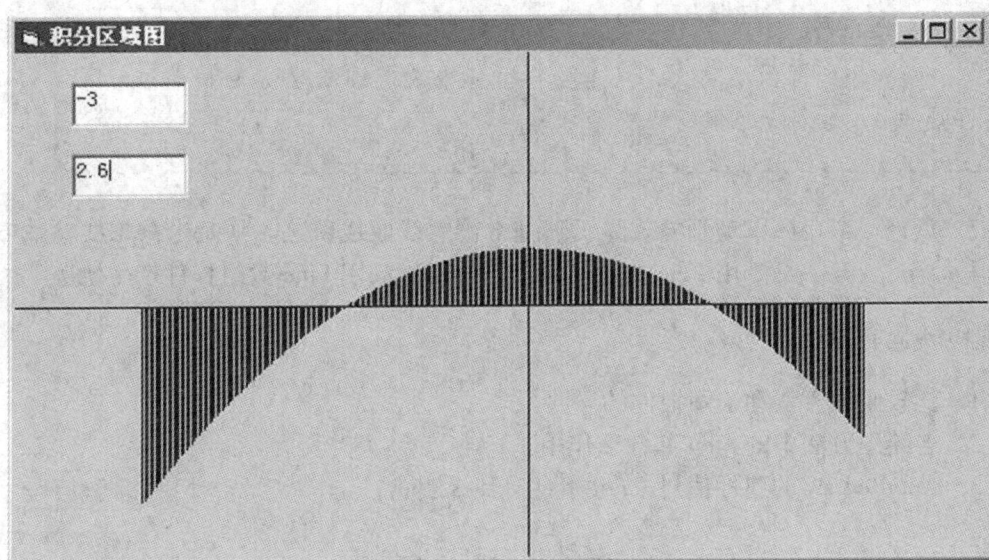

图 10 – 5 积分问题

3. 编程在屏幕上随机产生 20 条长度、颜色、宽度不同的直线。

4. 自定义一个新的坐标系：

Scale（-5，5）-（5，-5）。

用 Circle 方法绘制如图所示图形。输入不同的 Dx，Dr，观察圆圈构图的不同效果，如图 10 – 6 所示。

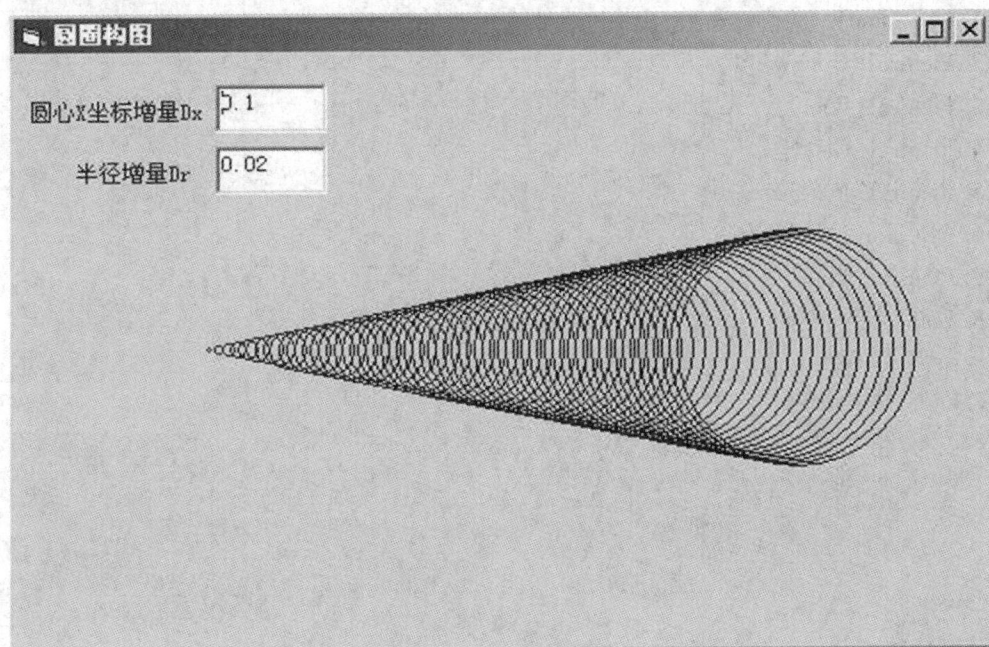

图 10 – 6 圆圈构图

> ### 提示
>
> 　　要绘制的圆由小到大，只需要在循环中改变圆心坐标 x 和半径 r，圆心的另一坐标 y 可保持不变。

5．设计一个程序以动画方式显示阿基米德螺线曲线轨迹。阿基米德螺线参数方程为 $x = \cos \alpha$，$y = \sin \alpha$。用 Line 方法与原点连线产生或用 Line 数组控件产生轨迹。

习题 10.4 简答题

1．比较绘图方法和绘图控件的异同。
2．各绘图方法中的 Step 起什么作用？
3．AutoRedraw 的属性值对 Paint 事件有什么影响？

习题 10 参考答案

习题 10.1 选择题

1．C　2．A　3．B　4．B　5．A　6．A　7．C

习题 10.2 填空题

1. Command5. Caption = "退出"
2. Picture1. DrawWidth
3. Picture1. PSet
4. Picture1. Cls
5. Picture1. FontSize
6. QBColor（Rnd * 15）
7. Picture1. Line
8. End

数据库程序设计

实验目的

1. 掌握 VB 中数据库的使用方法。
2. 掌握数据库管理器的使用。
3. 掌握 ADO 数据控件的使用
4. 掌握数据库绑定控件的使用。
5. 使用代码操作数据库。
6. 掌握 SQL 的使用。
7. 了解数据库应用程序开发的基本过程。

【实验任务】

建立一个学生信息数据库，在这个数据库中包含若干学生信息表，例如学籍表和成绩表。设计较完善的学生信息处理界面，实现数据简单管理，包括数据录入窗体、数据查询窗体和数据统计窗体，在这些窗体中可以进行数据的输入、修改、删除、查询和实现一些简单的统计功能

1. 数据库在一个信息管理系统中占有非常重要的地位，数据库结构设计的好坏将直接对应用系统的效率以及实现的效果产生影响。合理的数据库结构设计可以提高数据存储的效果，保证数据的完整和一致。同时，合理的数据库结构也将有利于程序的实现。

设计数据库系统时应该首先充分了解用户各个方面的需求，包括现在的以及将来可能增加的需求。关于数据库和数据表的建立方法已经在教材中介绍过了，这里仅给出学籍表和成绩表的表结构。如表 11 - 1、11 - 2 所示。

表 11-1 学籍表的表结构

字段名称	字段类型	字段大小	索引	忽略空值
学号	文本	12	唯一、主索引	否
姓名	文本	10	否	
性别	文本	2		否
出生日期	日期/时间	默认		否
班号	文本	10		否
联系电话	文本	10		否
入校日期	日期/时间	默认		否
家庭住址	文本	50		否
备注	备注	默认		否

表 11-2 成绩表的表结构

字段名称	字段类型	字段大小	索引	忽略空值
学号	文本	12	唯一、主索引	否
姓名	文本	10		否
数学	整型	默认		否
物理	整型	默认		否
英语	整型	默认		否
计算机	整型	默认		否
人体解剖	整型	默认		否
生理学	整型	默认		否
备注	备注	默认		否

2. 系统界面设计也十分重要。这里给出一些设计界面，供参考使用。

（1）主控窗体设计采用了 MDI 窗体及其子窗体的设计模式，如图 11-1 所示。

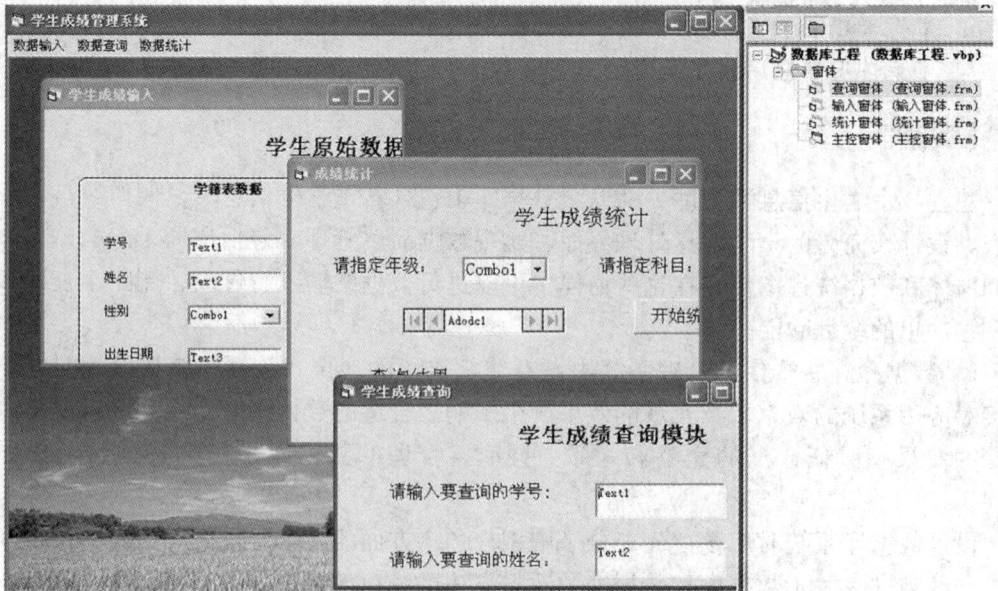

图 11-1 主控窗体界面

（2）数据输入窗体中有一个两页的选项卡，如图 11-2 所示。

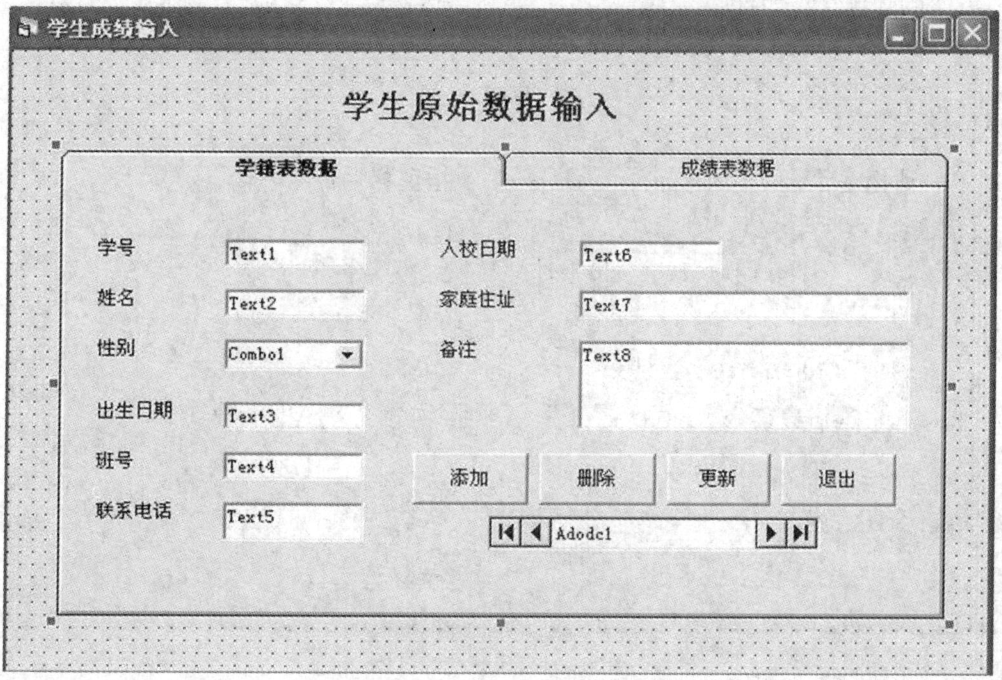

图 11-2 数据输入窗体

（3）成绩查询模块，如图 11-3 所示。

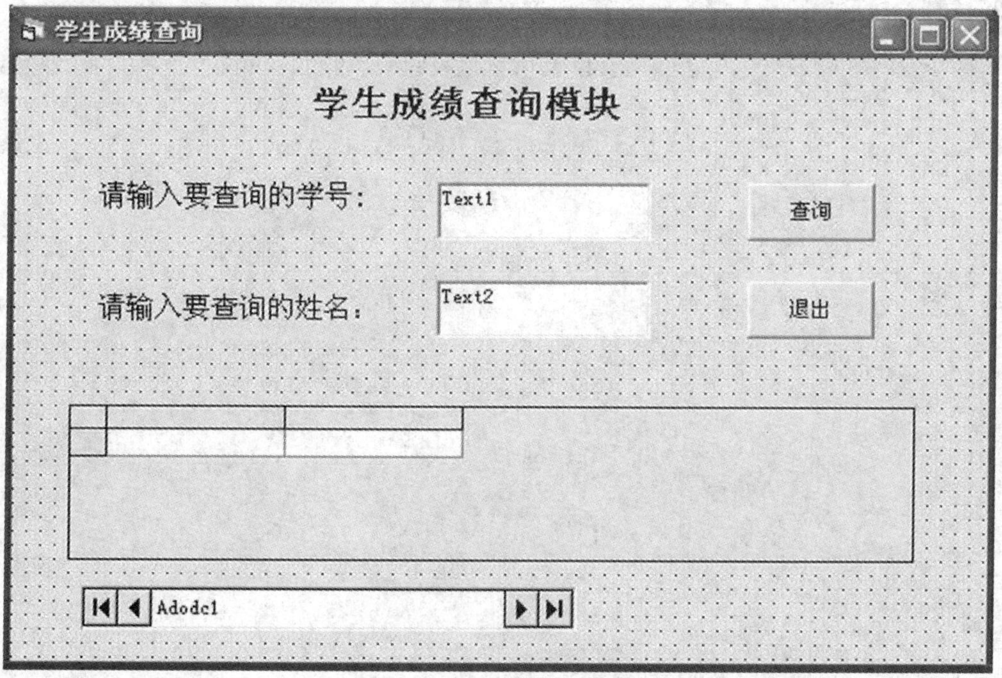

图 11-3 成绩查询窗体

（4）学生成绩统计模块，如图11-4所示。

图11-4 成绩统计窗体

3. 代码设计。请同学们试着自行完成代码设计。

习　题　11

习题 11.1 选择题

1. 在记录集中进行查找，如果找不到相匹配的记录，则记录定位在_____
   A. 首记录之前　　　　　　　　　B. 末记录之后
   C. 查找开始处　　　　　　　　　D. 随机位置
2. 对数据库进行增、改操作后必须使用_____方法确认操作
   A. refresh 方法　　　　　　　　B. updatecontrols 方法
   C. update 方法　　　　　　　　D. updaterecord 方法
3. 数据控件的 Reposidon 事件发生在_____。
   A. 记录成为当前记录后　　　　　B. 修改与删除记录前
   C. 记录成为当前记录前　　　　　D. 移动记录指针前
4. 不能对数据库记录集定位的方法为_____。
   A. Bof 和 Eof 属性　　　　　　B. move 方法
   C. find 方法　　　　　　　　　D. seek 方法
5. 下列_____可终止用户对绑定控件内数据的修改，放弃操作。
   A. refresh 方法　　　　　　　　B. updatecontrots 方法
   C. update 方法　　　　　　　　D. updaterecord 方法
6. seek 方法可在_____记录集中进行查找。
   A. Dynaset 类型　　　　　　　B. Snapshot 类型
   C. Table 类型　　　　　　　　D. 以上三者
7. 下列_____组关键字是 select 语句中不可缺少的。
   A. Select、From　　　　　　　B. Select、All
   C. From、Order BY　　　　　　D. Select、where
8. 在 SQL 的 UPDATE 语句中，要修改某列的值，必须使用关键字
   A. Set　　　　　　　　　　　　B. Select
   C. Distinct　　　　　　　　　　D. Where
9. 在新增记录调用 update 方法写入记录后，记录指针位于_____。
   A. 记录集的最后一条　　　　　　B. 新增记录集上
   C. 添加新记录前的位置上　　　　D. 记录集的第一条

习题 11.2 填空题

1. 数据控件通过它的 3 个基本属性：_____、_____和_____设置来访问数据资源。

2. 数据控件本身不能直接显示记录集中的数据，必须通过与它绑定的控件（数据感知控件）来实现。这些绑定控件能被数据库约束，在设计或运行时必须对这些控件的_____、_____属性进行设置。

3. 在使用 Delete 方法删除当前记录后，记录指针位于_____。

4. 要在程序中通过代码使用 ADO 对象，必须先为当前工程引用_____。

5. 使用 ADO 数据控件的 ConnectionString 属性与数据源建立连接的相关信息，在属性页对话框中可以有_____种不同的连接方式。

习题 11.3 简答题

1. 记录集是一种浏览数据库的工具，用户只能通过它才能进行记录的操作和浏览哪几种类型，它们有何特点，相互之间有何不同？

2. 怎样使用 SQL 语句修改特定表中的字段值？

4. 用什么方法能准确获得记录集的记录个数？

5. 记录、字段、表与数据库之间的关系是什么？

6. 利用数据控件返回数据库中记录的集合，怎样设置它的属性？

7. 怎样使绑定控件能被数据库约束？

8. 怎样使用 ADO 对象存取数据？

9. 试说明数据库中的记录、字段和数据表的含义。

10. 试用可视化数据库管理器创建一个学生成绩数据库，药学专业成绩表，表中字段可以自行设计。

11. 为上题中的药学专业成绩表设计输入窗体，并能实现记录的添加、删除、修改等功能。

12. 在学生成绩数据库中添加"学生基本情况"表，要求包含：学号、姓名、性别、身高、出生年月、籍贯、特长和家庭住址字段。

13. 设计学生信息查询窗体，要求能够按"姓名"和"特长"查询。

习题 11 参考答案

习题 11.1 选择题

1. C 2. C 3. A 4. A 5. B 6. C 7. A 8. A 9. B

习题 11.2 填空题

1. Connect，DataBaseName，RecordSource

2. DataSource，DataField

3. 下一条记录

4. Microsoft ADO Data Control6.0（OLE DB）

5. 3

VB综合程序设计

实验目的

1. 掌握常用控件的属性事件和方法。
2. 熟悉使用窗体和控件进行程序设计。
3. 熟悉应用结构化程序设计语言思想编写程序代码。
4. 掌握利用菜单编辑器设计 VB 菜单并编写相应程序代码。
5. 掌握利用多窗体进行界面设计并编写相应程序代码。
6. 了解综合性复杂程序的编写过程。

【实验任务】

本实验以 VB 综合程序设计题目的解决为出发点，综合利用所学的 VB 控件，如窗体、文本框、标签框、命令按钮、列表框、组合框、框架、时钟等控件，利用多窗体、函数、菜单等工具，借助 VB 三种程序设计结构、用户界面设计以及各种程序设计原理，开发制作应用程序。

各个专业的学生根据各自的专业特点，设计具有输入、查询、输出功能的药品查询管理系统。

可以包括西药药品（或中药的品名），功能，药效，临床效果，药品图片，（中药组方）等方面的综合程序设计。

VB 综合实验设计要求：

1. 综合实验设计题目由学生根据提供题目自选其一。或自拟题目进行设计。
2. 综合程序应按照任务要求完成，系统功能完整，界面设计美观。
3. 综合实验设计可在实验实验室或自己找机器完成。完成后，应将程序的源代码及可执行文件在规定的时间内上传到服务器上。
4. 每位同学根据要求自行设计并完成设计任务。

5. 如果发现相同的设计代码，双方本次考试成绩作废。

6. 程序中使用到图片或图标时，载入图标必须使用相对路径。

7. 开发完成后，必须能顺利运行通过，否则成绩作废。

9. 所有考试程序和文档保存在一个文件夹内，文件夹命名方式"学号姓名综合实验"，递交最后时间为最后一周上课周末前。

实验报告内容：

VB 综合实验报告内容与要求（撰写时必须包括以下几个部分）

1. 综合设计题目。

2. 任务要求（包括：设计要求、完成哪些功能或任务）。

3. 系统功能概述（概要说明系统应实现的主要功能）。

4. 问题分析（概要说明实现该系统功能所采用的技术方法，所选题目由哪些模块构成、并用图示表示出来。每个模块的功能是什么）。

5. 总结与体会。

学生作品样例

一、实验题目

罗红霉素功能与应用程序设计

二、任务要求

1. 设计要求：

（1）掌握常用控件（如 label，textbox，commandbutton）属性和方法。

（2）熟练使用窗体和控件，要求搭配合理，放置恰当，界面设计美观。

（3）掌握运用逻辑性思维编写代码，掌握分支，循环语句使程序设计复杂化，结构化。

（4）运用函数，使程序更加完善。

2. 功能任务

（1）使罗红霉素介绍系统自动化，条理化。

（2）设计人机友好界面，功能安排合理，具有完整性，流畅性的特点。

三、系统功能概述

1. 采用多窗体操作，有条理地介绍了罗红霉素的各种相关信息，使整个过程操作流畅。

2. 实现程序的界面丰富，增强人机的友好交流。

3. 实现罗红霉素用量的计算，在罗红霉素使用上提供了合理的依据。

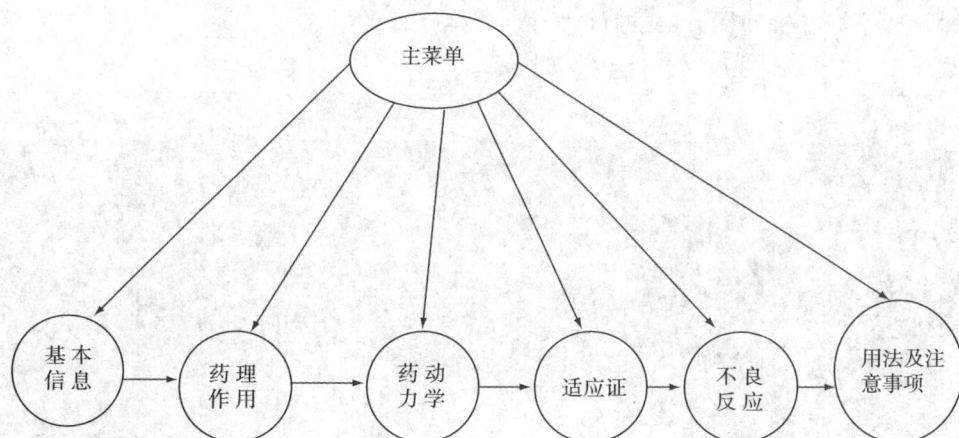

四、问题分析

技术方法：

1. 采用多窗体操作。多窗体操作可使繁杂的界面和程序结构化，同时给介绍信息时提供了充足的空间和逻辑性的思路

2. 控件的属性和方法和函数的应用实现功能。如，Timer 控件利用其特点可实现自动化功能；label 实现对控件及其他功能的说明；inputbox 函数实现人机交互等。

3. 运用分支循环语句。可以针对不同条件产生不同的结果或是重复某些操作来实现功能。

主菜单：

建立 command 分别指向各部分窗体，实现窗体之间的跳跃。退出 command － － － －离开程序。

基本信息：简单介绍罗红霉素。

药理作用：

专业化介绍了罗红霉素的化学结构，以及药理作用。本部分采用 label 显示文本，避免对背景图片的覆盖。同时采用多个 label 显示，单击继续命令按钮可实现转换，解决文字过多，窗体容纳的问题。

药动力学：

利用 timer 控件实现动态效果，介绍罗红霉素药动力学的信息。

适应证：

同样利用 timer 控件实现动态效果，介绍罗红霉素适应症的信息。

不良反应：

同样采用 label 显示文本，并运用循环语句，读取文本，产生动态效果。介绍罗红霉素的不良反应。

用法及注意事项：

该窗体通过组合框，实现了不同人群合理用药的切换，在显示合理用药文本中，采用了读取文件的方法，一是实现了不同文本之间的切换，二是方便以后在每项中的额外添加内容。同时在儿童一项中包含计算，方便使用者查询儿童用药用量。上面一行警告文字采用两个标签框使用 timer 时间控件，产生字幕效果。

程序演示结果如图 12 - 1 至 12 - 7 所示。

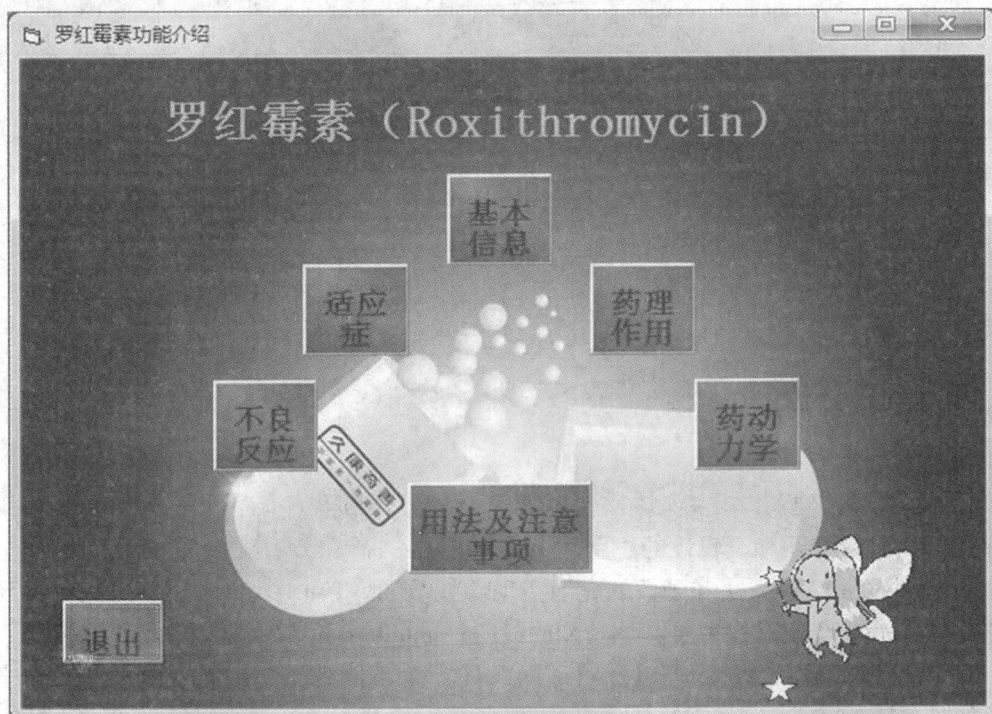

图 12 - 1 罗红霉素功能主窗口

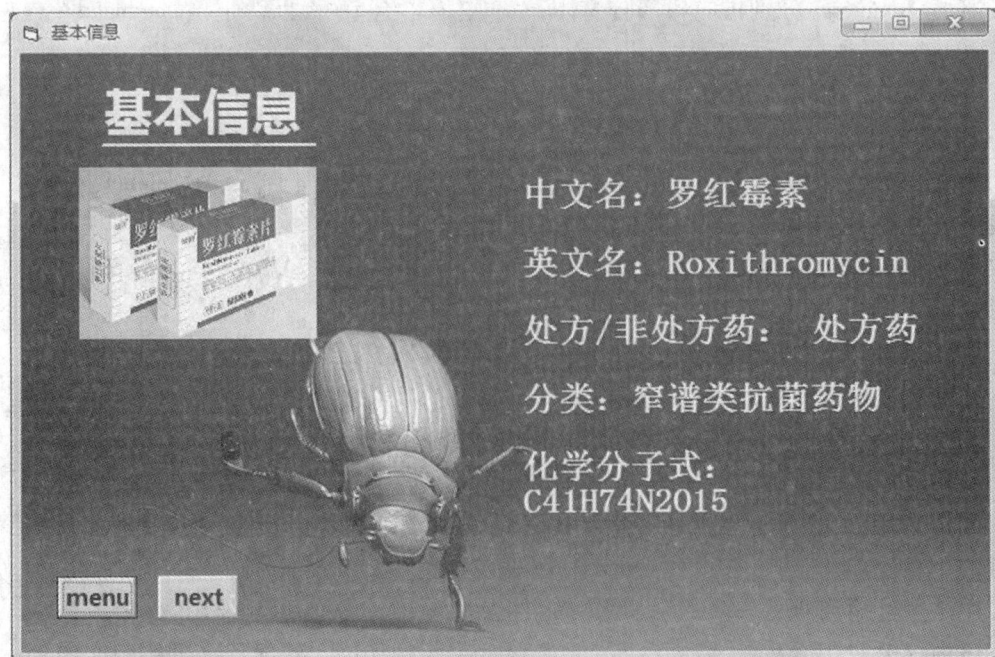

图 12 - 2 基本信息窗口

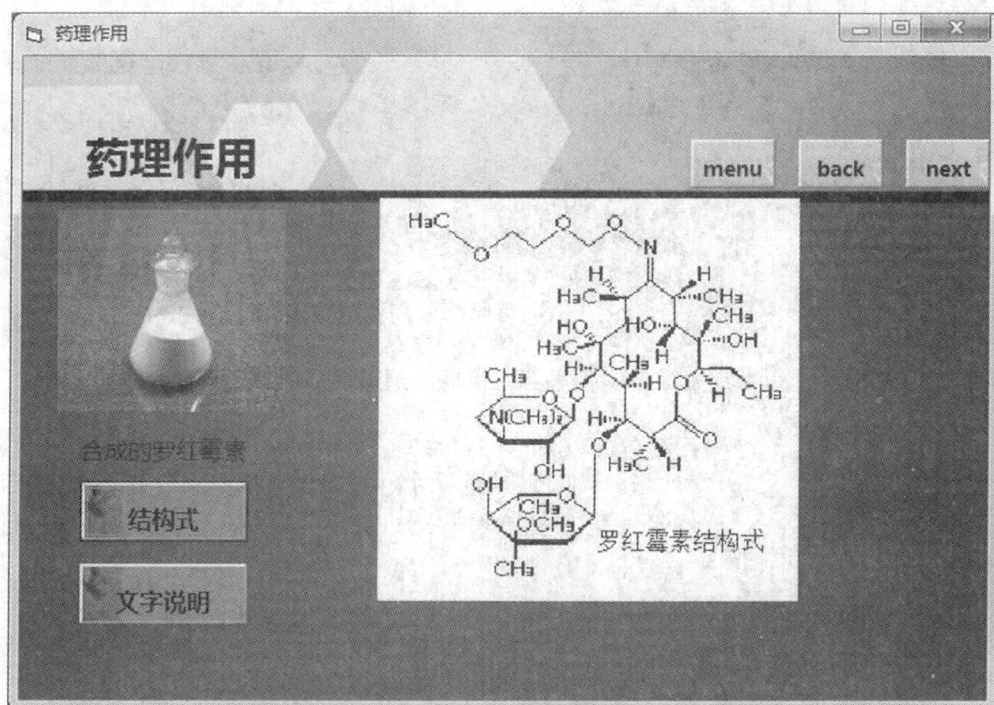

图 12 – 3　药理作用信息窗口

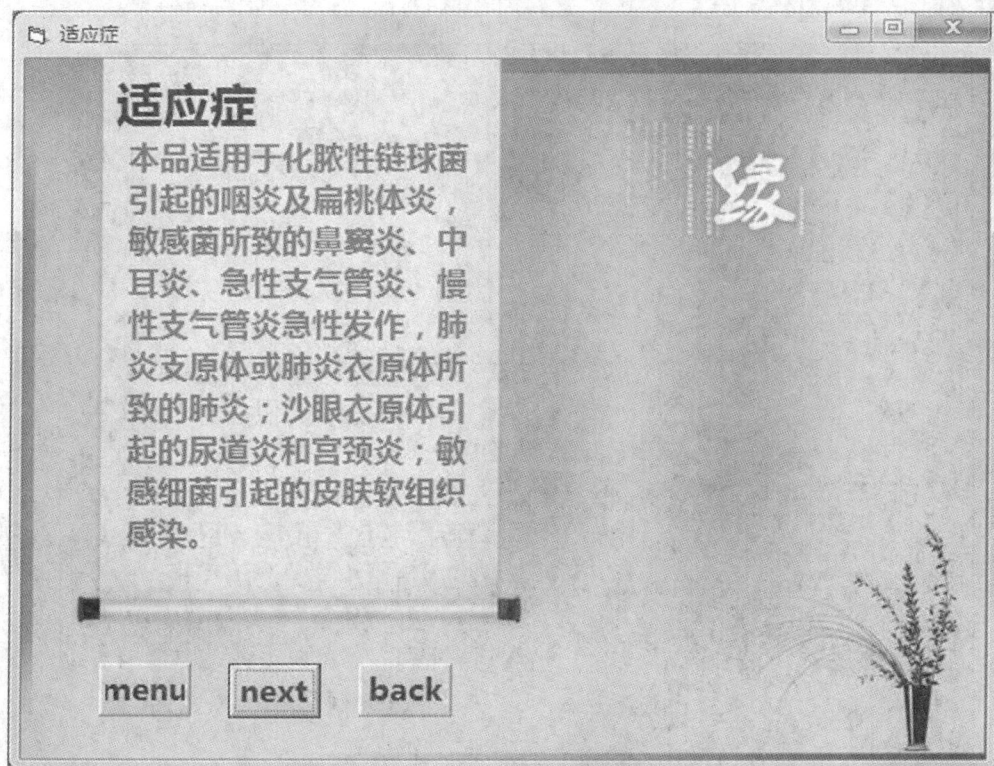

图 12 – 4　适应症信息窗口

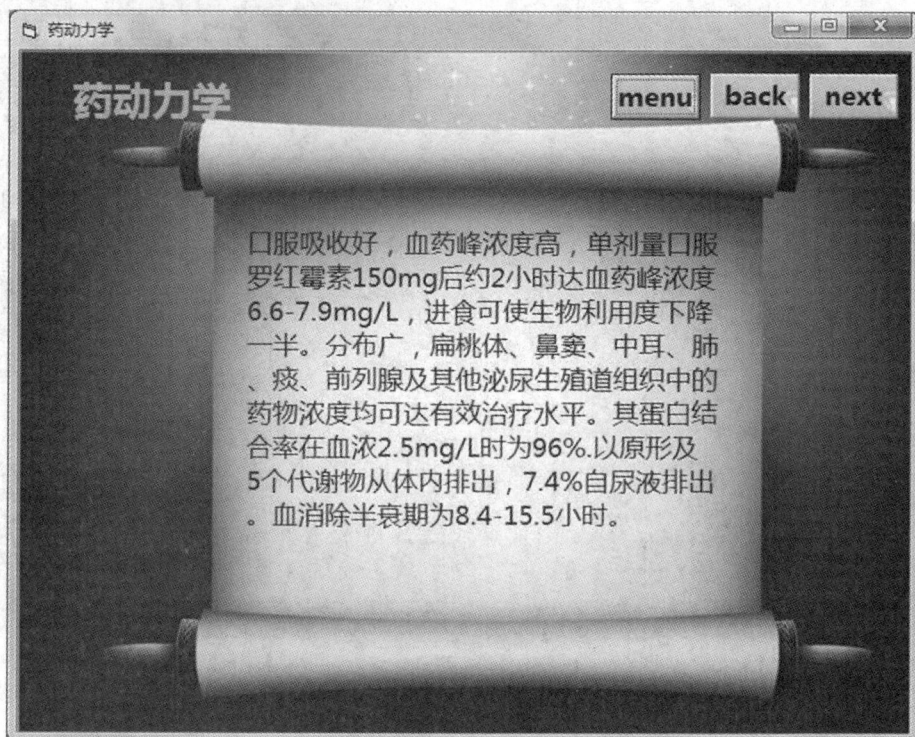

图 12 – 5 药动学信息窗口

图 12 – 6 不良反应信息窗口

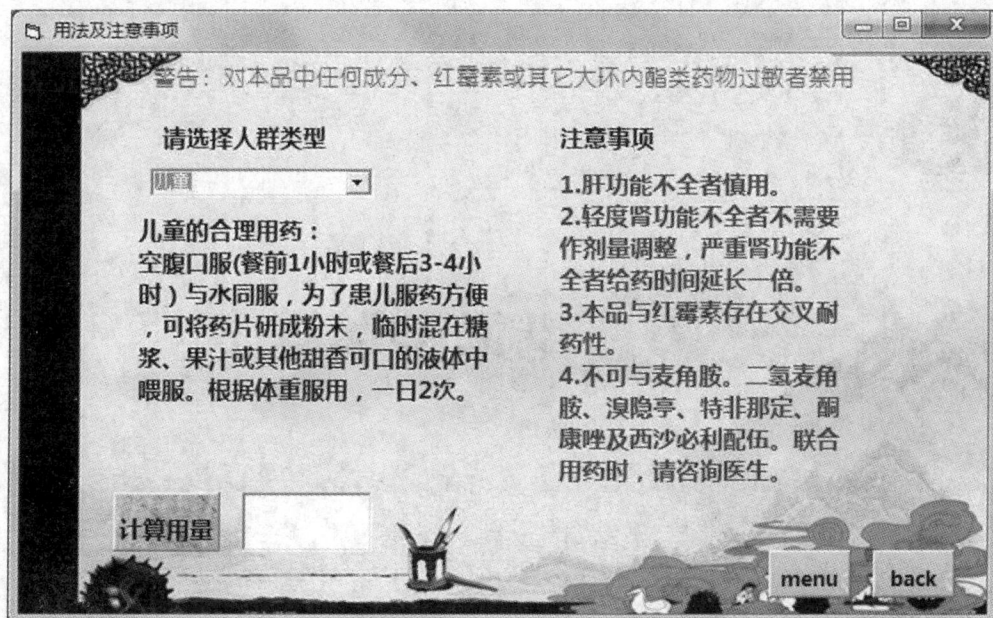

图 12 - 7 用法及注意事项信息窗口

附录 ⋯⋯⋯⋯⋯⋯⋯⋯⋯⋯⋯

▼

制作安装程序

在创建 Visual Basic 源程序后，程序设计者可能希望将该程序给其他 Microsoft Windows 的用户运行使用，通常会遇到如下问题：

- 没有安装 Visual Basic 程序的计算机，无法运行源程序的；
- 为保证个人知识产权，不希望别人看到我的源程序；
- 不会制作安装程序

下面就向读者介绍几种如何将创建完成的 Visual Basic 源程序制作成应用程序和发布制作安装包的方法步骤。

一、Visual Basic 应用程序生成可执行的 EXE 文件

首先准备一个已经设计好的 Visual Basic 工程源程序，本例使用"求任意三角形面积 . vbp"工程。

执行"文件/生成任意三角形面积 . exe(K)⋯"菜单命令（如附图 - 1 所示），在生成工程对话框中输入该可执行程序的名称（如附图 - 2 所示），在工程文件夹中生成一个与工程中启动窗体的 Icon 图标相同文件图标的 EXE 文件（如附图 - 3 所示）。

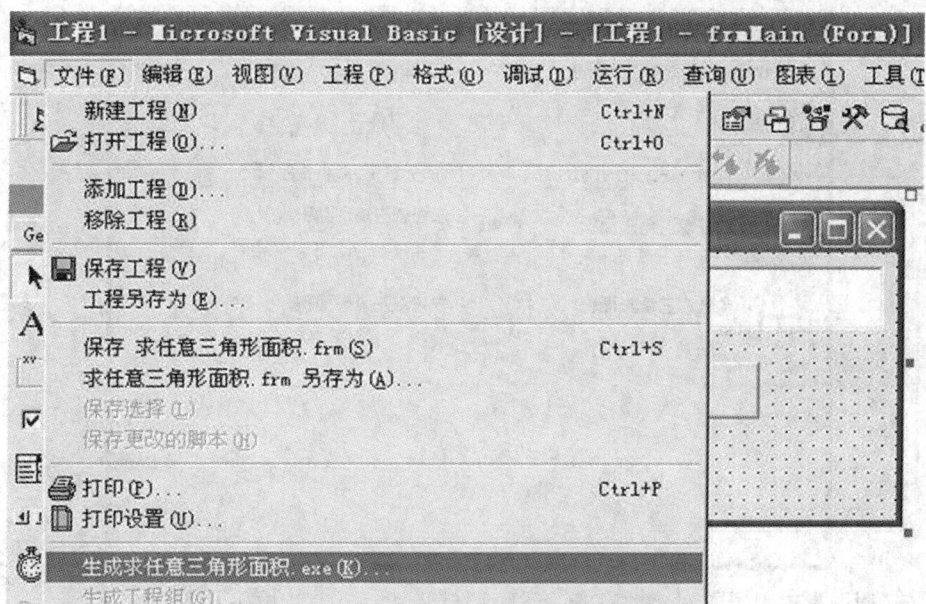

附图-1 生成求任意三角形面积.exe文件

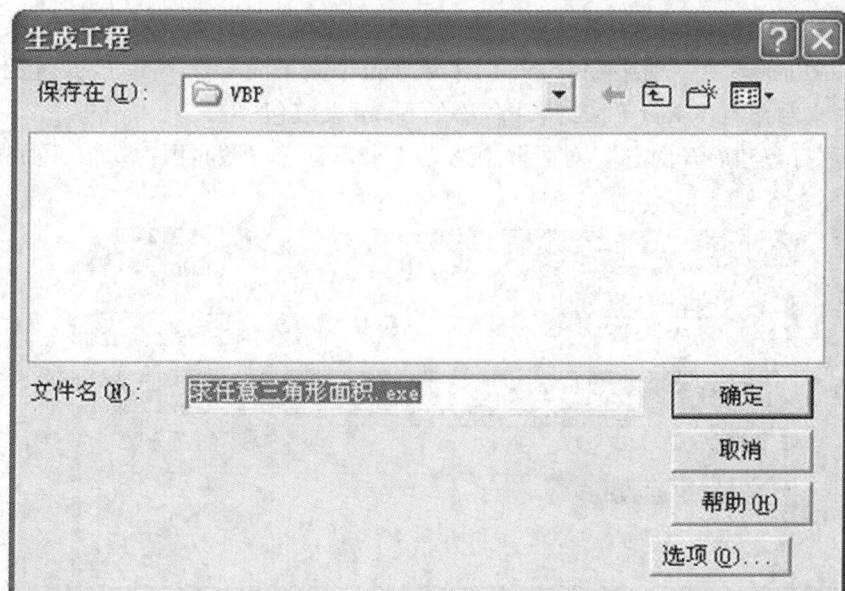

附图-2 "生成工程"对话框

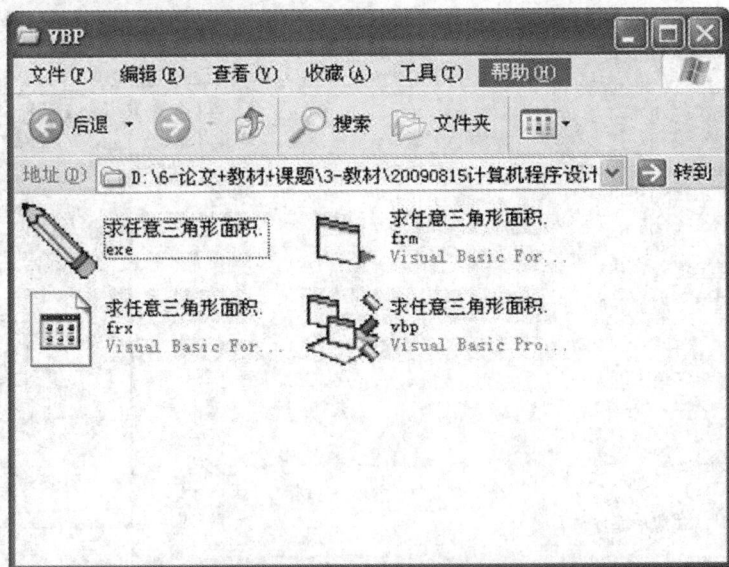

附图 – 3 工程文件夹的结构，EXE 文件图标将与工程中启动窗体的图标相同

二、Visual Basic 应用程序制作安装程序（Setup 安装包）

在生成 Visual Basic 工程应用程序的可执行文件后，可通过"开始"菜单"Microsoft Visual Basic 6.0"项中的"Package & Deployment 向导"，启动"打包和展开向导"对话框来制作由 Visual Basic 应用程序的 Setup 安装包。

1. 在"打包和展开向导"对话框中选择"求任意三角形面积.vbp"工程文件（如附图 –4 所示）。

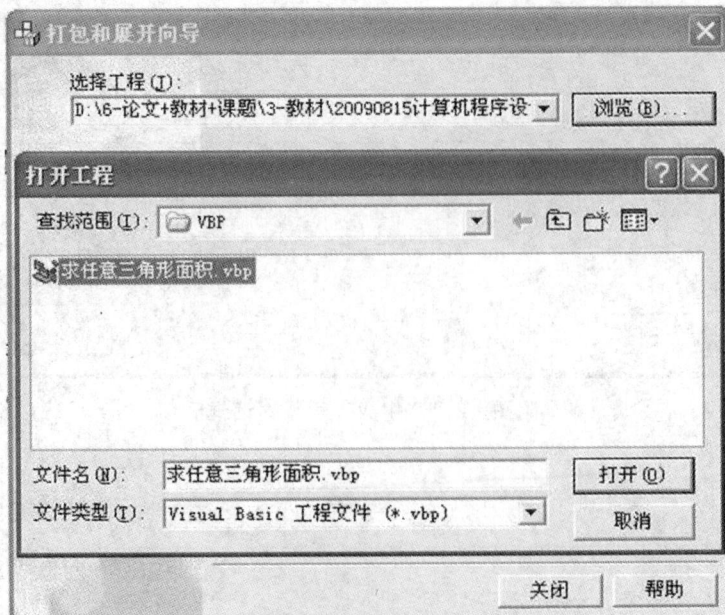

附图 – 4 打包和展开向导，选择工程文件

2. 点击"打包"按钮（有时，可能会对工程的 EXE 文件进行重新编译，点击"是"即可），打开"打包和展开向导—包类型"对话框，选择"标准安装包"（如附图 -5 所示），点击"下一步"。

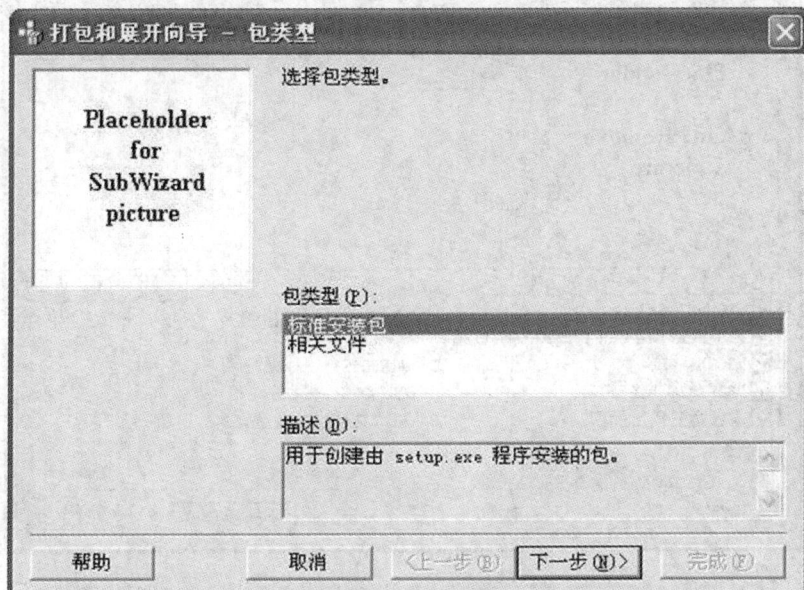

附图 -5 选择标准安装包，用于创建 setup. exe 程序安装包

3. 在"打包和展开向导—打包文件夹"对话框中选择此安装包生成的位置（如附图 -6 所示），点击"下一步"。

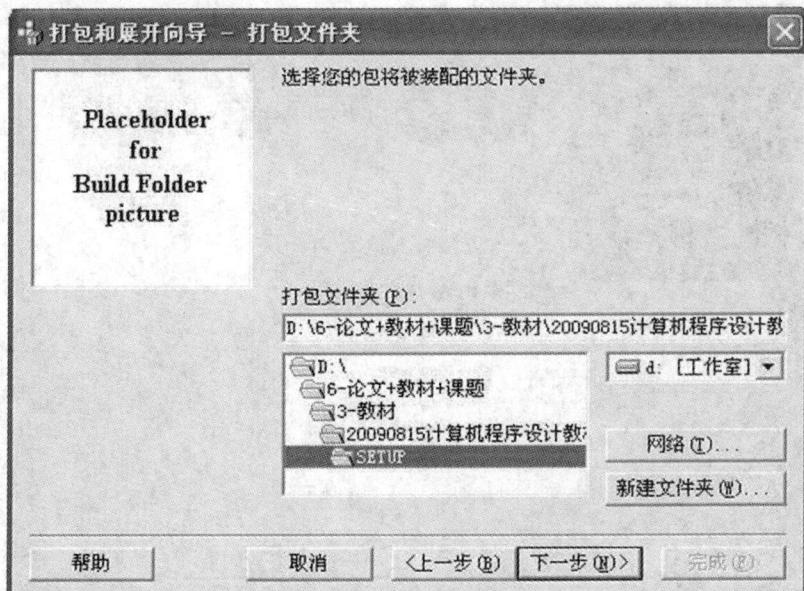

附图 -6 选择打包文件夹

4. 在"打包和展开向导—包含文件"对话框中，一般会自动包含与该工程相关的

ActiveX 文件等，但是如果个别文件是工程运行必需的文件，如本地数据库文件、其他 ActiveX 文件等，需要手动添加进来（如附图-6 所示），点击"下一步"。

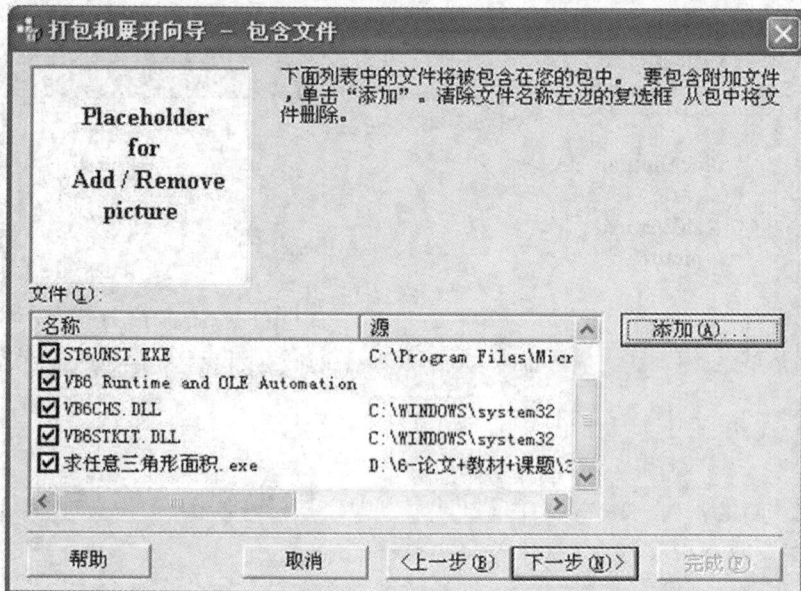

附图-6 包含文件

5. 在"打包和展开向导—压缩文件选项"对话框，可以创建一个或者多个压缩文件，如用软盘发行应用程序，可制作多个不大于 1.44MB 的压缩文件；这里选择默认"单个的压缩文件"（如附图-7 所示），点击"下一步"。

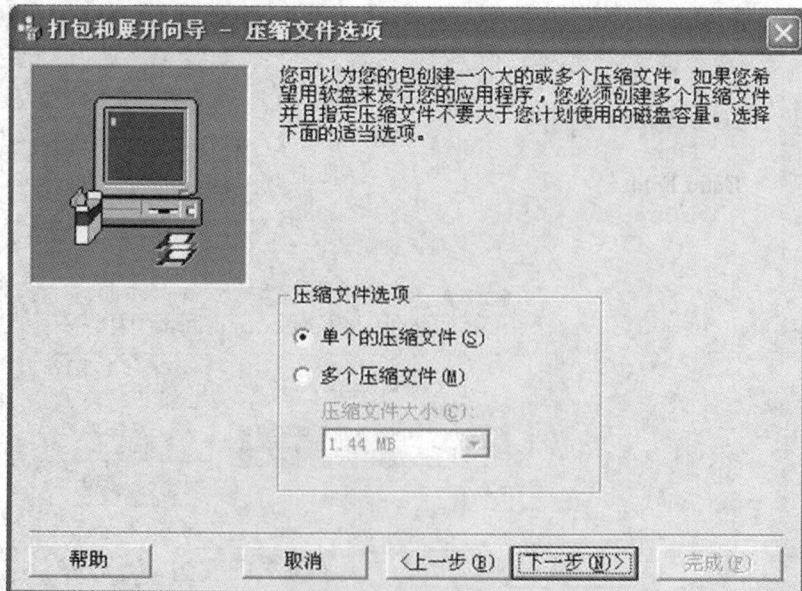

附图-7 压缩文件选项

6. 在"打包和展开向导—安装程序标题"对话框中输入标题"面积计算器"（如

附图－8所示，此名称默认为工程文件的工程名），将在安装包安装过程中作为标题出现，点击"下一步"。

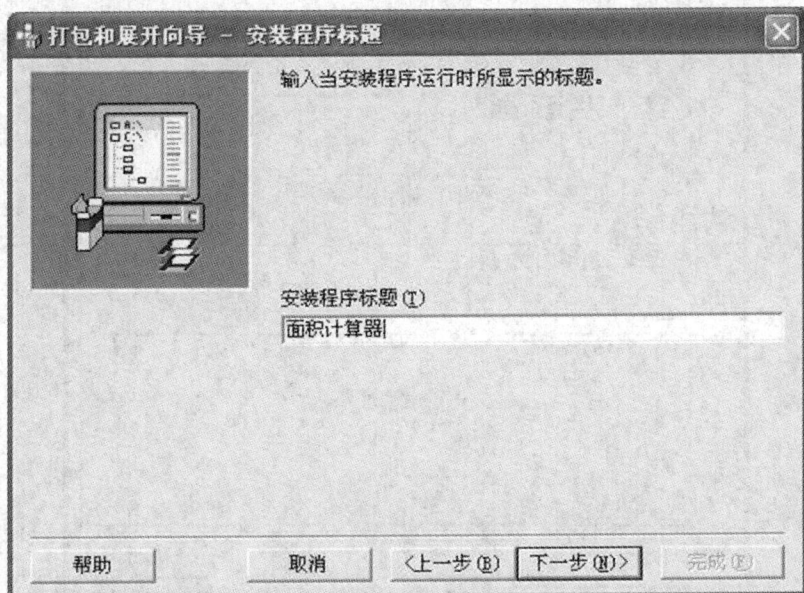

附图－8　安装程序标题命名

7. 在"打包和展开向导—启动菜单项"对话框中（如附图－9所示），设置程序安装后，创建的开始菜单项项目；这里点击子菜单项"面积计算器"－"属性"，重新命名为"三角形面积"（如附图－10所示），点击"确定"。

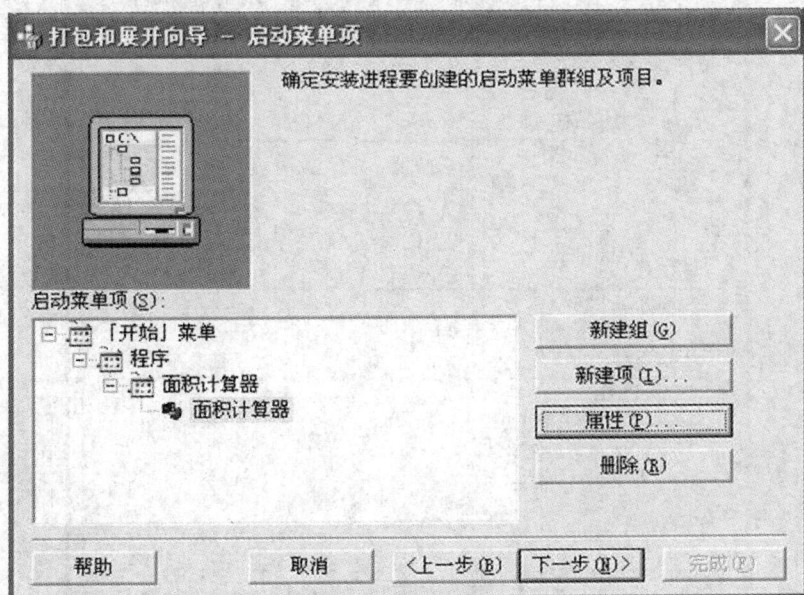

附图－9　启动菜单项

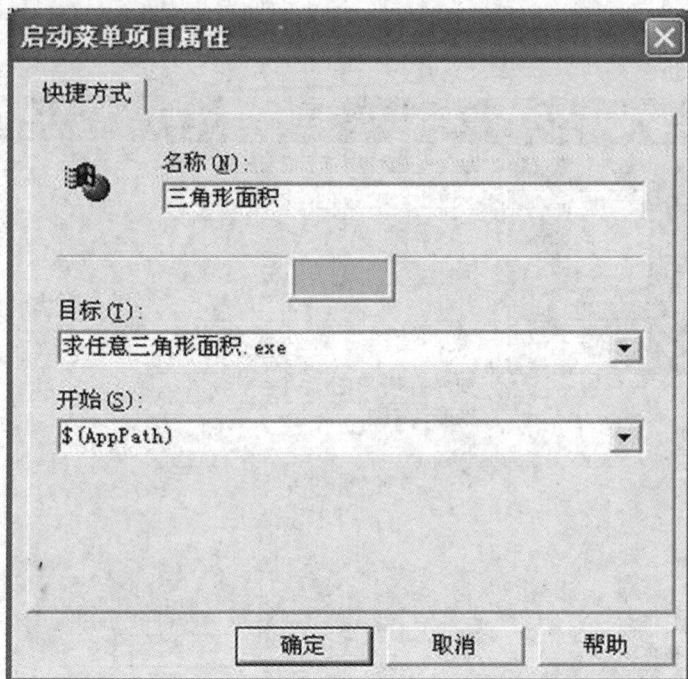

附图-10 启动菜单项属性

8.在"开始"菜单中添加"卸载"项,在附图-9界面中,点击"新建项",在弹出的启动菜单项目属性,设置如附图-11所示的内容,点击"确定"。

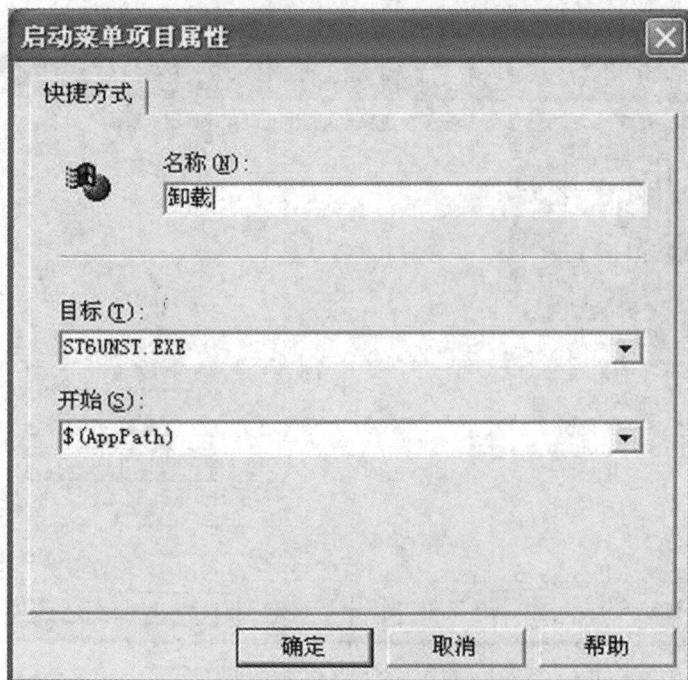

附图-11 添加"卸载"项菜单命令

9. 点击"下一步"直至完成,安装包制作完成。

三、制作自动添加桌面快捷方式的安装包程序

很多应用程序在安装完成后,会在桌面上自动生成快捷方式文件,在 Visual Basic 中需要利用 API 函数完成此项功能。

1. 进入 Visual Basic 安装目录,如"C:\Program Files\Microsoft Visual Studio\VB98\Wizards\PDWizard\Setup1",找到并启动"SETUP1.VBP",在"通用"-"声明"中加入如下代码段,API 函数的引用声明及部分变量的定义。

Dim pIdl As Long

Dim s As String, exeFile As String, strDesktop As String

Private Declare Function OSfCreateShellLink Lib "vb6stkit.dll" Alias "fCreateShellLink" (ByVal lpstrFolderName As String, ByVal lpstrLinkName As String, ByVal lpstrLinkPath As String, ByVal lpstrLinkArguments As String, ByVal fPrivate As Long, ByVal sParent As String) As Long

Private Declare Function SHGetSpecialFolderLocation Lib "shell32" (ByVal hwndOwner As Long, ByVal nFolder As Integer, ppidl As Long) As Long

Private Declare Function SHGetPathFromIDList Lib "shell32" Alias "SHGetPathFromIDListA" (ByVal pIdl As Long, ByVal szPath As String) As Long

2. 在 Form_Load 事件代码中找到"If (fMainGroupWasCreated = True) Or ((cIcons > 0) And TreatAsWin95()) Then",在该 If 结构中加入如下代码(用于创建快捷方式,使用到了 API 函数 OSfCreateShellLink)。

s = Space $ (255)

SHGetSpecialFolderLocation 0, 0, pIdl

SHGetPathFromIDList pIdl, s

strDesktop = Left(s, InStr(s, Chr(0)) - 1)   '获取桌面路径

exeFile = gstrAppExe

exeFile = Left(exeFile, InStr(exeFile, ".") - 1)

i = MsgBox("在桌面上创建快捷方式吗?", vbInformation + vbYesNo)

If i = vbYes Then

    OSfCreateShellLink strDesktop, exeFile, gstrDestDir & gstrAppExe, "", True, ""

End If

以上代码段仅供参考,在实际使用过程中,也可以在该工程中加入更多应用。

3. 保存"SETUP1.VBP"工程,执行"文件/生成 SETUP1.EXE",在弹出的对话框中直接点击保存即可,重新生成 Visual Basic 打包应用程序。

4. 利用"打包和展开向导"发布应用程序后,再执行 Setup 安装程序时,应用程

序就会在桌面上创建快捷方式了。

四、不用发布即可运行 Visual Basic 应用程序（无 VB 环境）

由 Visual Basic 制作的源程序，生成 EXE 文件后，在有 Visual Basic 应用程序的机器上一般是可以直接运行的；但是如果希望在没有 Visual Basic 环境的计算机同样可以执行该 EXE 文件，可采用如下方法：

1. 使用"记事本"工具打开由 Visual Basic 开发的源程序工程文件，如某"客户端.vbp"工程文件，如附图 - 12 所示。

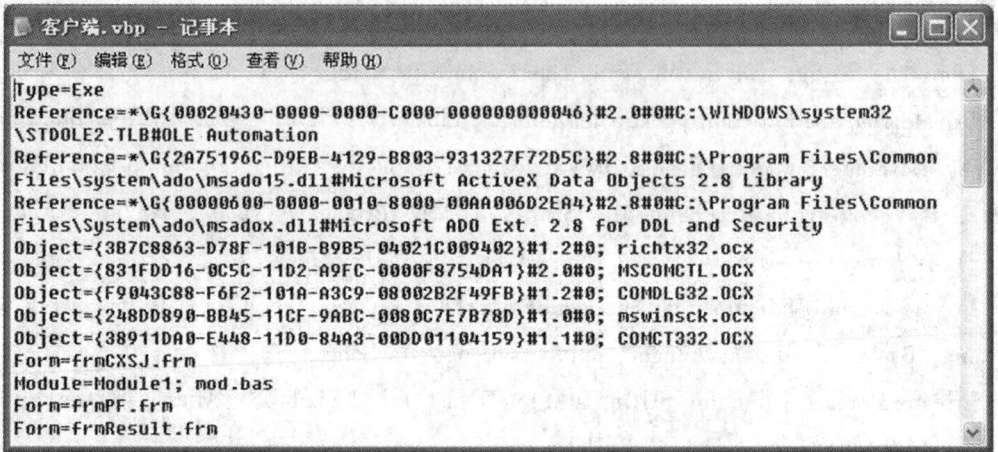

附图 - 12　某工程文件利用记事本打开后的内容

2. 在上述"记事本"显示的内容中，发现软件在运行时需要对象 [Object] "richtx32.ocx"、"MSCOMCTL.ocx"、"COMDLG32.ocx"、"mswinsck.ocx"、"COMCT332.ocx" 等 ActiveX 文件，只要找到这些文件，并与工程生成的 EXE 文件放在同一目录，当然还包括本地数据库等文件，其他用户即可使用。

3. 上述 ActiveX 文件，可以在"C:\Windows\System32"文件夹中找到。

五、巧用 WinRar 软件制作自动安装程序包

实际应用过程中，读者也可以使用如下方法制作自动安装的程序包，这里需要使用 WinRAR 软件。

1. 将由 Visual Basic 开发的应用程序生成可执行的 EXE 文件，并将工程中涉及到的对象全部找到并与可执行文件一起拷贝到一个新的目录中（方法见上述四），如附图 - 13 所示。

172

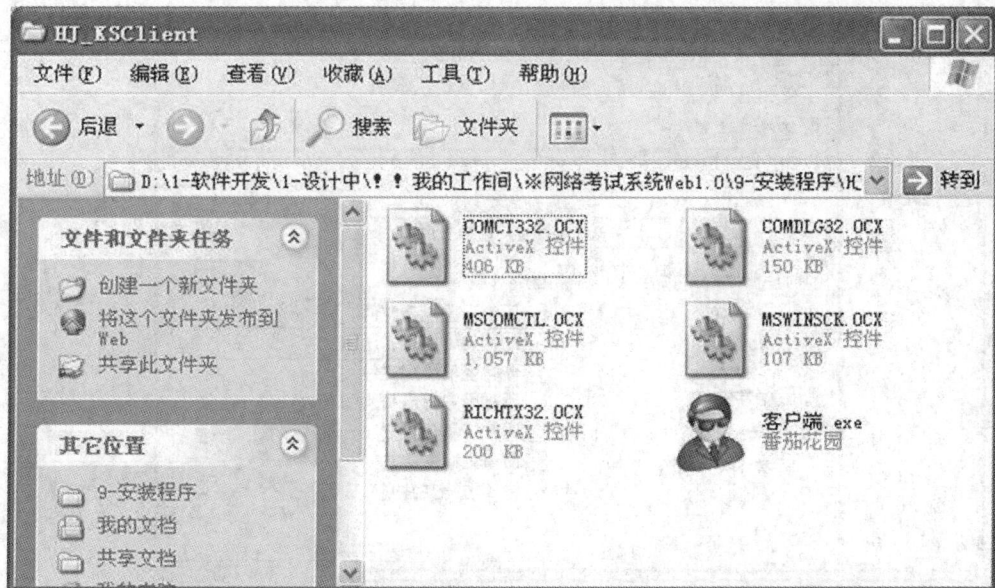

附图－13　生成的可执行程序和 Object 文件放在同一目录下

2. 在该目录下执行 Ctrl + A 选中这些文件，右击选择"添加到压缩文件"命令，如附图－14 所示。

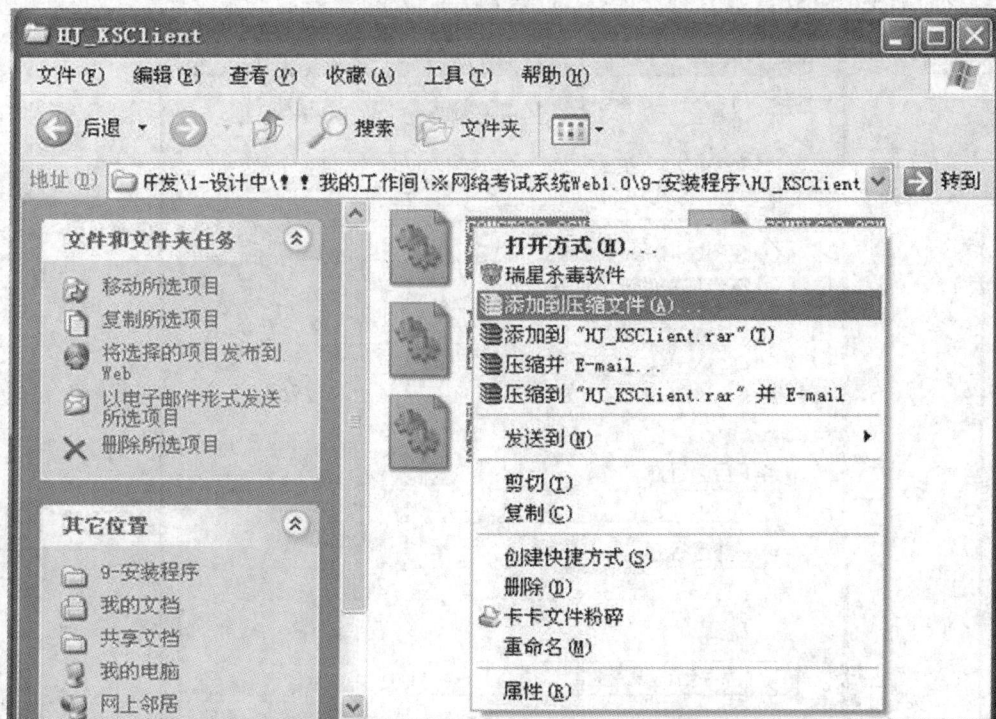

附图－14　全选文件并添加到压缩文件

3. 在"压缩文件名和参数"对话框中，选择"创建自解压格式压缩文件（X）"，压缩文件名由读者自定义完成，如本例的 HJ_KSClient.exe，如附图－15 所示。

173

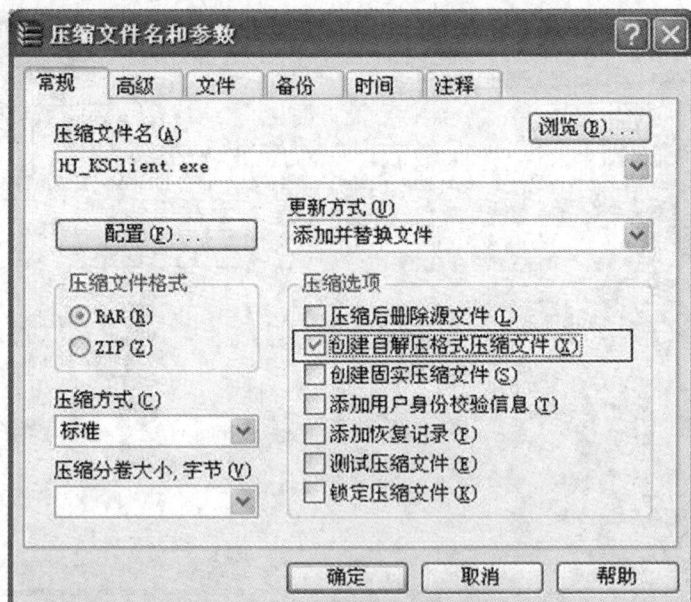

附图－15　压缩文件名和参数设置

4．点选"高级"选项卡，点击"自解压选项（X）…"按钮，打开"高级自解压选项"对话框（如附图－16所示），进行设置。

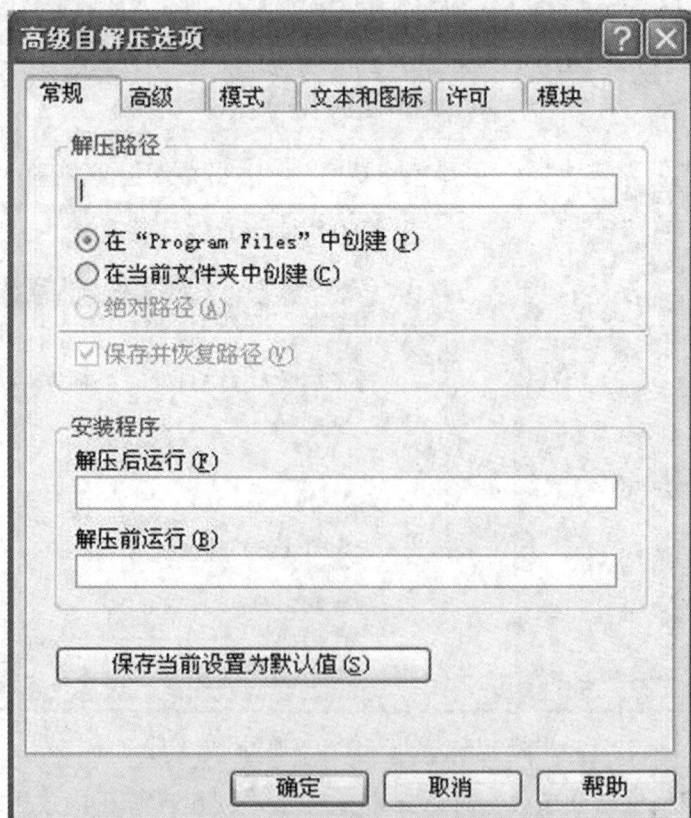

附图－16　高级自解压选项设置

5. 按附图 – 17 所示，进行常规设置，解压路径设置为在"Program Files"中创建，目录名称为"KSClient"，读者自定义，系统安装时，将自动在 Program Files 目录下创建 KSClient 目录；安装程序解压后运行"KSClient.exe"，也可以由读者自定义，此功能可以在解压前后运行某应用程序，本例在系统安装成功后，自动运行 KSClient.exe 程序。

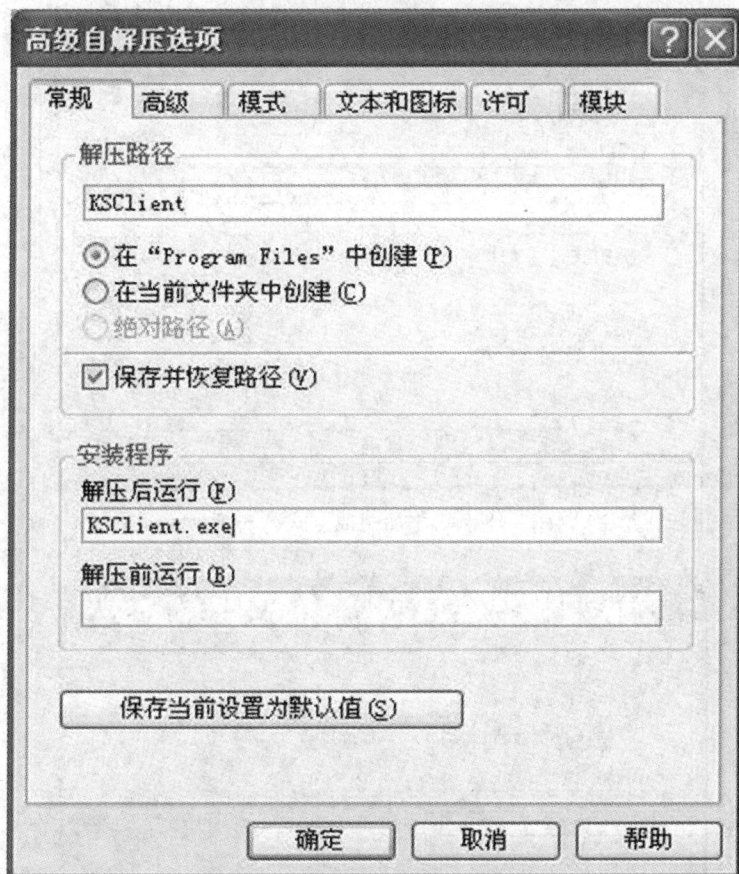

附图 – 17 高级自解压选项 – 常规设置

6. 点选"高级"选项卡，点击"添加快捷方式（A）…"按钮，在附图 – 18 所示的"添加快捷方式"对话框中进行如下设置后，点击"确定"，安装成功后，将自动在桌面上创建快捷方式。

7. 点选"模式"选项卡，按附图 – 19 所示进行设置，其中"安静模式"设置为"隐藏启动对话框"，"覆盖方式"选择"覆盖所有文件"，点击"确定"。

176

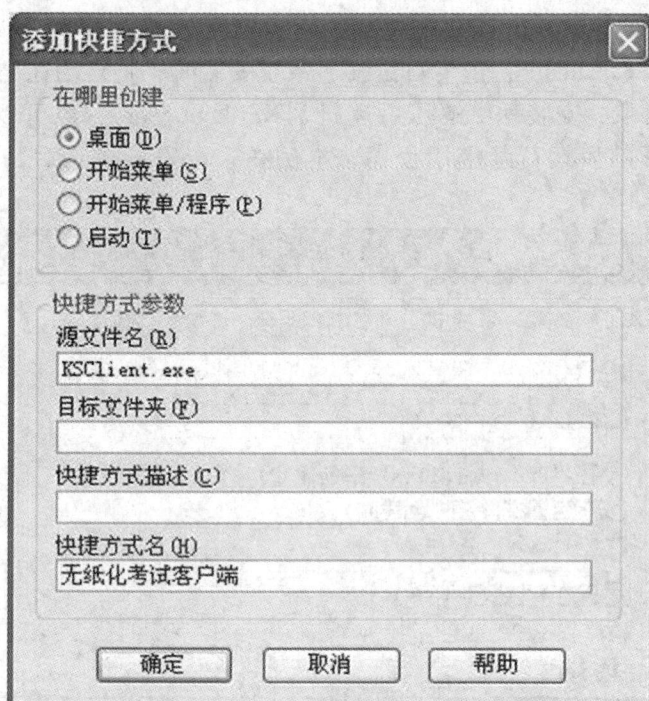

附图 -18　"添加快捷方式"对话框

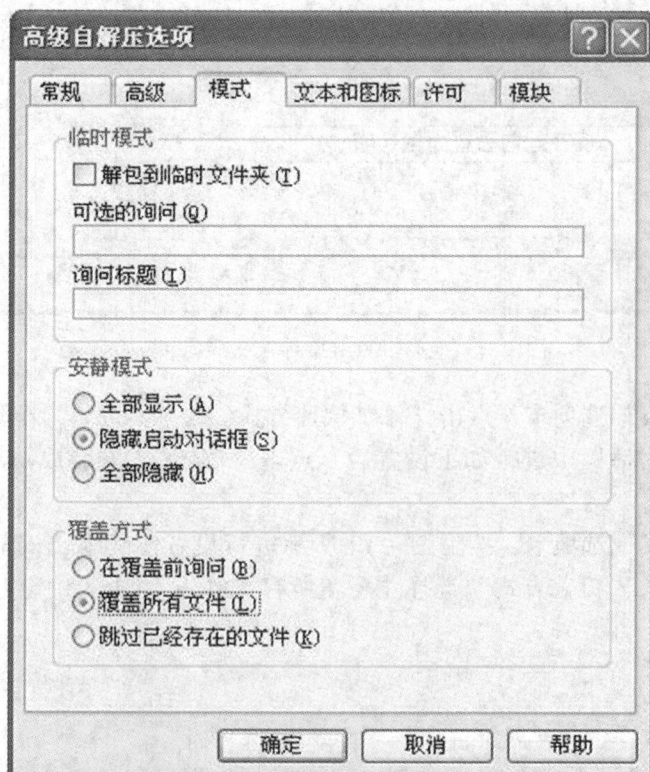

附图 -19　模式设置

8. 点击"确定",生成自动安装包 HJ_KSClient. exe 文件,如附图 - 20 所示。

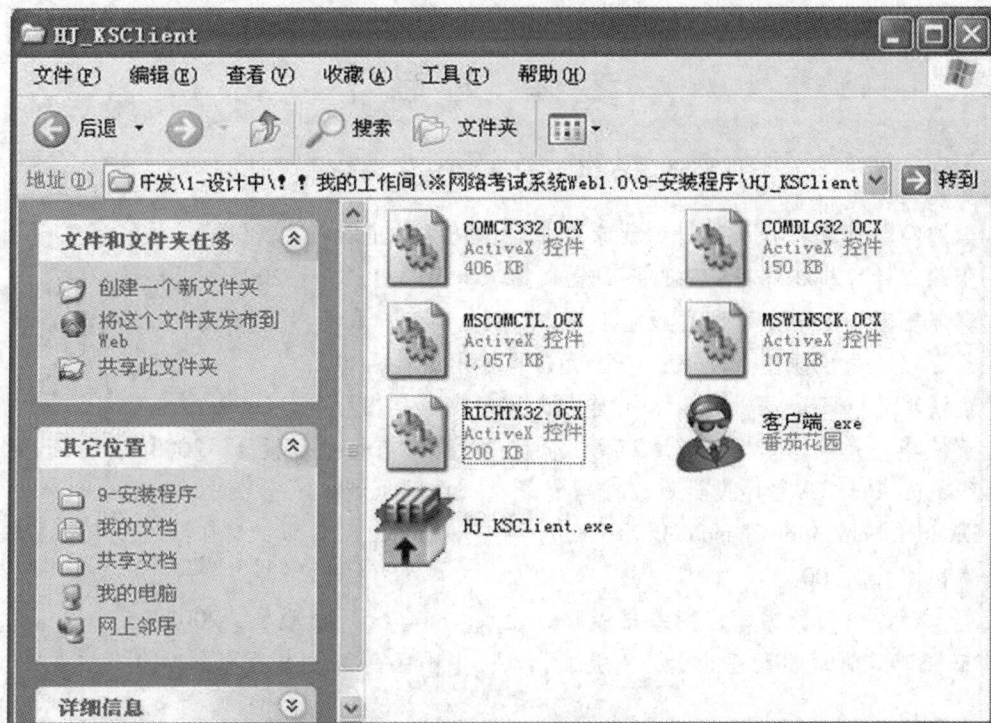

附图 - 20 生成自动安装包 HJ_KSClient. exe 文件

参考文献

［1］董鸿晔．计算机程序设计．北京：中国医药科技出版社，2006.

［2］张瑜．计算机程序设计．3版．北京：清华大学出版社，2005.

［3］龚佩曾．Visual Basic 程序设计教程．2版．北京：高等教育出版社，2003.

［4］吴春福．药学概论．北京：中国医药科技出版社，2006.

［5］董鸿晔．QBasic 程序设计．大连：大连理工大学出版社，1999.

［6］董鸿晔．大学计算机基础．2版．北京：中国医药科技出版社，2009.

［7］Douglas Bell．C#程序设计．影印版．北京：中国水利水电出版社，2006.

［8］David I. Schneider．Visual Baisc. NET．程序设计导论．5版．影印版．北京：高等教育出版社，2004.

［9］郭永青．医药数据库应用基础教程．北京：清华大学出版社，2008.

［10］董鸿晔．计算机程序设计．2版．北京：中国医药科技出版社，2010.